图 1 水稻钵形毯状机插秧苗

图 2 水稻钵形毯状秧苗育秧效果

图 3 水稻钵形毯状秧苗机插现场（黑龙江）

图 4 普通毯状水稻机插秧苗

图 5 移动式工厂化立体育秧架

图 6 南方水稻机插成苗温室

图 7 水稻钵苗摆栽育秧

图 8 水稻双膜育秧切秧

图 9 北方水稻机插轨道精量播种

图 10 水稻机插秧流水线播种

图 11 南方水稻小拱棚湿润育秧

图 12 北方水稻大棚旱地育秧

图 13 南方水稻田间泥浆育秧

图 14 南方水稻田间大棚集中育秧

图 15 水稻机插基质育秧

图 16 水稻机插稻草秧盘育秧

图 17 水稻独轮拖板式插秧机机插

图 18 水稻窄行（25 厘米）高速插秧机机插

图 19 东北水稻钵形毯状秧苗机插示范

图 20 南方超级稻机插秧高产示范

最受欢迎的种植业精品图书

ZUI SHOU HUANYING DE ZHONGZHIYE JINGPIN TUSHU

水稻机插秧技术200问

SHUIDAO JICHAYANG JISHU 200 WEN

朱德峰　陈惠哲　徐一成　主编

中国农业出版社

编写人员

主　编：朱德峰　陈惠哲
　　　　徐一成

编著者：陈惠哲　陈　阳
　　　　黄世文　李　革
　　　　林　海　腾　飞
　　　　苏柏元　向　镜
　　　　徐一成　张玉屏
　　　　周建霞　朱德峰

目　录

第1章

水稻种植方式

1. 水稻主要种植方式

目前，我国水稻的种植方式主要有 4 种：手插秧、抛秧、直播和机插秧，其中，手插秧占了 40%～50%。手插秧包括秧田准备、浸种催芽、播种育秧、秧苗移栽、大田管理和收获等几个基本过程。抛秧采用钵盘育苗，用抛栽代替手工移栽，其作业效率高，操作简单，在手工移栽劳动力紧张的地区确保了水稻基本苗的稳定，尤其适用于华南稻区的双季早、晚稻，长江中下游双季稻区的早稻以及北方稻区的单季稻。直播是将干种子或经过浸种催芽的种子按所需的播种量直接播种到大田里，与移栽相比，省去育秧和秧苗移栽两个环节，更加省工省力。机插秧采用秧盘集中育秧，用插秧机代替手工栽插，随着我国社会经济发展，农村劳动力大量向城镇及其他非农产业转移，以及农村劳动力老龄化现象的日趋严重，水稻机插秧是与社会经济发展的需求相适应，以机械化作业为主的现代水稻生产体系，是水稻生产技术进入转型升级期的必然选择。

2. 手插秧的特点

长期以来，手插秧是我国水稻主要种植方式，主要特点是需要育秧、拔秧、运秧和移栽等多道环节，由于可以做到浅插、匀插、减轻植伤、插直，有利于实现水稻精确定量栽培，群体容易控制，产量相对稳定且高产。但生产效益低，劳动强度大。近年来，随着我国社会经济发展，农村劳动力转移和老龄化，手插秧的面积比例在逐渐下降，但由于我国部分地区水稻种植面积小，加之机插秧投资较大和受经济条件的限制，在一定时期内手插秧仍然是这些地区水稻栽培的主要方式。

3. 抛秧的特点

抛秧移栽效率高且劳动强度低，使用钵体育苗，秧苗带土移栽，伤根少，秧苗抗逆能力强，采用这种栽培方式有利于水稻抗逆栽培和创高产。但抛秧对整地质量标准要求高，其均匀度直接关系到产量的高低，由于秧苗无序分布也限制了产量的稳定和提高。目前双季晚稻抛秧主要采用的是湿润育秧，受茬口、季节的限制，一般秧龄期较长，加之播种较密，秧苗素质普遍较差，秧苗无分蘖发生，群体难调控，大穗潜力难发挥，田间作业困难和病虫较多，这些都影响了抛秧产量的提高。

4. 直播稻的类型及特点

直播稻是直接把稻种播入稻田的一种水稻栽培技术，根据播种时土地的水分状况，直播可分为水直播、湿润直播和旱直播 3 种类型。水直播有利于控制杂草，防止鸟类危害种子，在盐渍地防止盐害，主要在欧美、澳大利亚等国家和地区应用。存在的主要问题是淹水条件下出苗率很低，一般在 30％左右；播种量大，秧苗素质差，易倒伏。湿润直播是在对稻田进行耕、耙、整地后，保持 3～5 厘米水层 3～7 天，使土壤沉实。排水后，手工或机械播种，播后田间土壤保持湿润，湿润直播播种方法有湿撒播、湿条播和湿点播。湿润直播的出苗效果比水直播好，但苗期杂草发生多，种子易受鸟类危害。在亚洲多数国家直播方式以湿润直播为主。旱直播的主要特点是水稻苗期旱长，田块需开排灌沟，通过排灌沟在雨旱天排灌，保持田间土壤湿度。旱直播由于秧苗在干旱条件下生长，氧气充足，地下根系生长迅速，植株幼苗的抗逆能力强，分蘖发生早，秧苗素质好。播种用水少，但旱直播由于稻种发芽及成苗时条件恶劣，种子发芽及成苗差。旱直播适合于苗期气候不稳定，干旱的地区。

直播稻由于省去了育秧、拔秧、运秧和移栽等多道工序，省工节本，提高了生产效益，能大幅度减轻劳动强度，简单实用。直播稻存在出苗差、草害严重、倒伏、早衰等问题。在病虫严重地区苗期管理成本高，成苗不稳定，除草难度大成本高，后期易倒伏和早衰，产量不稳定等缺点。同时，直播稻在我国水稻生长季节紧张的地方种植受生长季节制约，南方晚稻、部分北方稻区由于生长季节不足，不宜采用直播。南方稻区早稻直播需要解决低温造成烂种、烂芽，导致成苗低的影响。

5. 水稻机插秧的类型及特点

水稻机插秧是通过规格化育秧，并采用插秧机代替人工栽插秧苗的水稻移栽技术，主要内容包括适宜机插秧秧苗培育、插秧机操作使用、大田管理农艺配套措施等。机插秧可显著减轻水稻种植劳动强度，实现水稻生产节本增效、高产稳产。水稻机插秧可使秧苗定穴栽插，比人工栽插能保证种植密度。同时机插秧技术采用培肥旱育、中小苗移栽、宽行窄株、少本浅栽等特点，有利于保证秧苗个体的壮实和水稻群体的质量，群体通风透光好，减少病虫害，实现水稻稳产高产。

水稻机插方式主要有洗根苗机插、毯状秧苗机插、钵苗摆栽和钵形毯状秧苗机插 4 种类型。我国也是世界上研究使用机动插秧机最早的国家之一，20 世纪 60～70 年代在政府的推动下，掀起了发展机械化插秧的高潮，率先研制开发了大秧龄洗根苗插秧机及机插技术，但由于技术问题及社会经济条件限制，该技术没有发展应用；2000 年以来，我国加快推广应用日本、韩国引进的水稻毯苗机插技术，该技术存在机插定量定位性差、漏秧率高、伤秧伤根严重、每丛苗数不均匀，及返青慢等问题。为解决这些问题，日本、韩国相继研发了水稻机械化钵苗摆栽技术，但该技术机具贵、效率低及育秧难度大等问题制约大面积应用。近年来，针对毯状秧苗机插及钵苗摆栽存在的问题，中国水稻研究所自主创新研发了水稻钵形毯状秧苗机插技术，实现水稻钵苗机插，解决了水稻毯苗机插的问题，大幅提高水稻机插产量和效益。

6. 水稻洗根苗机插的特点

我国率先研制开发的插秧机，是世界上第一部“水秧洗根苗”插秧机，是中国水稻栽培技术又一次革命，把广大农民从繁重的水稻生产劳动中解救出来，对我国水稻生产有着深远的历史意义和现实意义。洗根苗插秧机是针对大秧龄洗根苗的特点开发生产的，栽插作业时，秧爪不能控制自如，勾秧率、伤秧率高，作业性能极不稳定，不能适应水稻栽插“浅、匀、直、稳”的基本技术要求。另外，以前机插秧技术采用的是常规育秧，大苗洗根移栽，标准化程度低，费工耗时，植伤严重，始终未能摆脱拔秧洗根、手工栽插的技术模式。

7. 水稻毯苗机插的特点

水稻毯苗机插是目前我国主要应用的机插技术，主要特点是利用标准机插秧盘等培育标准化毯状秧苗，简称秧块，机插时将秧块整体放入秧箱内，通过插秧机取秧机插。为保证机插质量，机插秧所用的秧苗主要为中小苗，一般要求秧龄 15～20 天、苗高12～18厘米。由于插秧机是通过切土取苗的方式插植秧苗，这就要求播种均匀。毯苗机插技术使秧苗定穴栽插，比人工栽插能保证种植密度。同时机插秧技术采用培肥旱育、中小苗移栽、宽行窄株、少本浅栽等特点，有利于保证秧苗个体的壮实和水稻群体的质量，有利于通风透光，减少病虫害，实现水稻稳产高产。但为保证秧苗成毯及防止漏秧，一般播种量大，存在秧苗素质差、秧龄弹性小等问题，而低播量下秧苗成毯性差、伤秧伤根严重、漏秧率较高、每丛苗数不均匀及返青慢等问题。

8. 水稻钵苗摆栽的特点

钵苗摆栽技术吸收了机械插秧深浅一致、行穴一致与钵苗抛秧秧苗健壮、植伤轻、入土浅、分蘖节位低、分蘖发生早等优点，同时避免了机插植伤重、返青慢、分蘖节位高与抛秧分布不匀、立苗性差等缺点，是将两种栽培方式优点有机融合一体的栽培技术。使钵苗健壮，插深一致，行穴距一致，无植伤，不缓苗，分蘖节位低，早生快发，实现群体长势均衡一致，成穗率高，从而获得高产。1998 年在对钵苗机插调查中发现，不少钵育苗在叶龄 3.4 叶时，不完全叶节就长出分蘖芽，而盘育苗在 3.5～4.0 叶时，第一完全叶节分蘖都很少。

9. 水稻钵形毯状秧苗机插的特点

水稻钵形毯状秧苗机插技术通过研发不同类型水稻钵形毯状秧盘，利用水稻钵形毯状秧盘培育水稻上毯下钵机插秧苗，实现钵苗机插，与传统毯状秧苗机插技术比较，具有以下特点和优势：①钵形秧苗和毯状秧苗结合，采用与常规机插秧盘尺寸一致的钵形毯状秧盘，培育上毯下钵的机插秧苗，实现钵苗机插。②精量定位播种，降低播量，实现杂交稻 60～70 克/盘育秧成毯，节约 30%杂交稻种子，提高秧苗质量。③定位定量按钵取秧，取秧准确，漏秧率低，插苗均匀。④采用钵形毯状秧盘，秧苗根系大多数盘结在钵中，插秧机按钵苗取秧，实现秧苗带土插秧，伤秧和伤根率低。机插后秧苗返青快，发根和分蘖早，实现插后早发。⑤实现高产高效，该技术通过提高秧苗质量、漏秧率低、插苗均匀、伤秧率低、秧苗早发，为提高机插水稻产量奠定了基础，可比传统机插增产

5%～10%。该技术自2009年开始生产示范以来，推广应用面积快速上升，2013年超过2 000万亩*，目前已在黑龙江、浙江、吉林、宁夏、江苏等20多个省（自治区、直辖市）试验和示范应用，农业部于2011年、2012年和2013年把该技术列为水稻生产主推技术。

10. 日本水稻机插类型及特点

近年日本水稻插秧机主要向着降低生产成本、节省劳动力、降低劳动强度以及多种功能方向开展研究与推广。手扶式插秧机逐年减少，乘坐式高速水稻插秧机逐年增加。高速水稻插秧机发展方向是提高使用的操作性能和自动化水平，产品规格多样化。日本机插技术主要包括带施肥和平田插秧技术、探索覆纸插秧技术、少免耕插秧技术和无人驾驶插秧技术。

11. 韩国水稻机插类型及特点

韩国1979年手工插秧面积占99%，随着社会经济的发展和农村劳动力大量向城市和工业转移，稻作种植方式和技术向机械种植转变。20世纪80年初机插秧面积快速增加，到1991年机插秧面积已达90%，基本实现机插秧，早期韩国水稻机插秧基本以中苗机插为主。到1991年，开始发展乳苗机插技术和水稻机直播，乳苗机插技术由于大大降低了育秧时间，适合于工厂化育秧，能显著降低育秧成本，提高效率。到2005年韩国的中苗机插秧、乳苗机插秧和机直播面积分别占水稻种植面积的74.4%和17.2%。中苗机插育秧种量一般在120～130克/盘，育秧时间温度较低，秧龄一般30～35天，机插时秧苗叶龄在3.5～4.0叶，株高在15～18厘米，机插所需秧盘量在300盘/公顷左右。乳苗机插秧技术的优点是育秧时间短，一般育苗8～10天，乳苗苗高5～8厘米。乳苗机插秧移栽的每公顷用工

---

* 亩为非法定计量单位，1公顷=15亩。——编者注

数仅为49小时，比中苗机插秧省工21.0%。乳苗移栽后耐低温，缓苗时间短，低位分蘖多。相对于中苗机插秧，乳苗育秧用种量较大，为200～220克/盘，乳苗插秧机主要是对现有插秧机的秧爪和取秧口进行改造、增大取秧量的范围、增设压苗板等，每公顷秧盘用量在150～200盘。

12. 我国水稻种植方式发展方向

随着我国社会经济的发展，农业结构调整，以及农村劳动力转移和老龄化，以手工插秧为主的传统水稻种植技术已经不能适应我国社会经济发展对稻作技术的要求，迫切需要发展节本、省工、高效的水稻种植方式。机插秧具有效率高、适于大规模生产和有利于生产标准化等优点，尽管受种植面积规模小等因素的制约一时未能大面积推广，但其具有不可替代的优势，是我国现代稻作技术的主要发展方向，是推进水稻生产规模化生产的主要技术，提高劳动生产率的主要手段；同时，由于我国各稻区水稻生产环境差异、品种、类型及季节多样，我国应根据水稻生产实际合理发展相应的水稻种植方式。

第2章
水稻生长发育

1. 水稻种子吸水特点

水稻种子的吸水过程可分为两个阶段。第一阶段是纯物理的吸胀过程，吸水较快。第二阶段为生化吸水阶段，持续时间也相对延长。在10～30℃，随着温度的升高，吸水速度加快，因此，温度低浸种时间要长点，温度高浸种时间可短点。籼稻一般需浸种2天2夜，而粳稻需浸种3天3夜，籼型杂交稻一般1天1夜，北方稻区水稻浸种期间温度低一般浸种需要6～7天。一般情况下，种子吸水量达到种子重量30%时种子可发芽。吸足水分的谷壳半透明，腹白分明可见，胚部膨大突起，胚乳变软。

2. 水稻种子发芽温度、湿度和氧气要求

水稻种子发芽需要适宜的温度和湿度，及充足的氧气。种子发芽最低温度10℃，最适温度30～32℃，最高为40℃，长时间超过42℃会使根或芽死亡。种子吸水量为干种子重量的30%左右才能发芽。催芽时需要翻拌种子增氧。

3. 水稻根系生长及其影响因素

稻根有种子根和不定根两种，种子根源于胚根，而不定根发生在分蘖节上，是稻根的主体。种子根和不定根上均可发生分枝，分

枝根上还可以再分枝。种子根垂直向下生长，一般节根形成后即枯萎。不定根短白粗壮，形似鸡爪。水稻根系生长最适温度为25～32℃，田间持水量在70%～75%最有利于根系的生长。土壤通透性良好，不定根发育将得到加强，利于根上分枝的生长。

4. 水稻分蘖生长及其影响因素

水稻茎秆上除了穗颈节外，各节上均有一个腋芽，在适宜的条件下这些腋芽都能萌发形成新茎，产生分蘖。水稻主茎上长出的分蘖为第一次分蘖，第一次分蘖上长出的分蘖为第二次分蘖，依次类推。影响分蘖发生的因素很多，除品种本身特性外，还有温度、光照、水分、养分等。发生分蘖的最低气温为15℃，最适气温为30～32℃，最适水温为32～34℃，最高水温42℃，对早、中稻要防低温，晚稻则要防高温。光照、氧气充足，则促进分蘖发生。田间持水量在70%～80%有利于分蘖的发生。氮、磷、钾营养元素对分蘖影响较大，其中又以氮素影响最大，氮素营养充足有利于分蘖发生，故应早施分蘖肥。插秧的深浅也对分蘖有一定的影响，秧苗浅插有利于分蘖的发生。

5. 水稻叶片生长及其影响因素

水稻一生的生长进程与其主茎叶片生长呈高度相关。主茎长出了几片叶，就叫几叶期。我国栽培稻的主茎叶数多数在11～19片，早稻叶数少，晚稻叶数多。由于叶片是光合作用最主要的场所，所以光照对叶片的生长影响较大，充足的光照将使叶片绿而挺。氮、磷、钾等营养元素对叶片生长也会造成一定影响。

6. 水稻穗发育及其影响因素

从幼穗分化开始到出穗，为幼穗发育期。幼穗发育的日数，早稻约25.7天，中稻约28.4天，晚稻约33.1天，平均约30天。在幼穗发育过程中的幼穗形成期和花粉母细胞减数分裂期，是栽培管理上的两个重要时期。幼穗形成期是决定每穗颖花分化数的时期，要想增加颖花分化数，一定要在幼穗形成期以前采取措施，包括疏播培育出假茎粗扁的壮秧；在幼穗形成期以后是不能增加每穗颖花数的。幼穗形成期比较容易鉴别，当剥开稻株的生长点，看见幼穗约半粒米大小，覆盖着白色茸毛，大致就是幼穗形成期了。减数分裂期是幼穗发育过程中的一个重要生育期，这个时期对肥、水、光、温等外界条件比较敏感。此时幼穗伸长速度快，需要吸收养分较多。若外界条件不好，就会引起颖花大量退化，如果栽培管理适宜，就可减少颖花退化。出穗时每穗有多少总粒数，是在减数分裂期决定的。减数分裂期也比较容易鉴别，当剑叶（最后一片叶）全出期，即剑叶的叶枕与下一叶的中叶枕刚好重叠时，就是减数分裂期。一般温度高，穗分化加快，历时短。感光性强的品种在短日照下穗分化快，长日照下分化慢。

7. 水稻叶蘖同伸关系

腋芽的分化发育过程是与叶的分化进程相伴而行的。在适宜的条件下，当母茎在抽第四片叶时，才能在其第一节抽出第一个第一次分蘖，即N叶抽出时，N－3节位的分蘖芽伸出鞘外。分蘖上再发生分蘖，其分蘖的抽出与母茎出叶的关系，也同主茎分蘖一致，符合N－3关系。了解到叶蘖同伸关系之后，应采取适宜栽培措施，促使分蘖早发生、多发生，这样低位分蘖就多，形成的有效分蘖也就越多。

8. 水稻有效分蘖与无效分蘖

有效分蘖是指后期能形成有效穗的分蘖，不能形成有效穗或中途死亡的分蘖均为无效分蘖。低位分蘖和早期出生的分蘖大多为有效分蘖，而高位和后期出生的分蘖多为无效分蘖。有效分蘖决定最终的单位面积有效穗数，是产量构成的主要因素。生产上应争取更多的有效分蘖，减少无效分蘖。一方面，在生育前期要千方百计促进分蘖早生快发，使茎蘖数达到预期水平。另一方面，在分蘖中后期应适当控制分蘖，防止发得过头。

9. 水稻叶龄的计算方法

叶龄是水稻生长发育的外部标志，是科学种稻必须掌握的一项重要指标。水稻一生的主茎叶片数相对稳定，从秧田幼苗开始，通过计算主茎叶片数来表示水稻的年龄，就叫做叶龄。叶龄余数是指水稻生育后期未抽出的叶片数。叶龄指数则是水稻某一品种已出的叶龄占该品种主茎总叶片数的百分数。叶龄的计算方法是：以主茎叶片数为标准，从第一完全叶开始，当叶片全部开展时，记作“1”，长出整个第一叶的时间叫一叶期；第二片叶全部开展，记作“2”……如叶片尚未完全开展，即按其抽出的长度，与相邻的下一片叶做粗略的比较，以抽出长度的百分比来计算。例如，第三叶抽出的长度约占第二叶的一半时，即记为2.5，说明秧苗正处在三叶中期。

10. 水稻叶片数有多少

水稻根据生育期的不同可分为晚熟、中晚熟、中熟、中早熟、早熟和极早熟。晚熟品种生育期一般在143天以上，主茎叶片数为15片以上；中晚熟品种生育期为138～142天，主茎叶片数为14片叶；中熟品种生育期为133～137天，主茎叶片数为13片叶；中早熟品种生育期为128～132天，主茎叶片数为12片叶；早熟品种生育期为123～127天，主茎叶片数为11片叶；极早熟品种生育期为122天以下，主茎叶片数10片叶以下。

11. 水稻不同时期叶片功能

水稻的叶片分为鞘叶（芽鞘）、不完全叶和完全叶三种。鞘叶即芽鞘在发芽时最先出现的叶片，白色，有保护幼苗出土的作用。不完全叶是从芽鞘中抽出的第一片绿叶，一般只有叶鞘而没有叶片。完全叶由叶鞘和叶片组成。叶鞘抱茎，有保护分蘖芽、幼叶、嫩茎、幼穗和增强茎秆强度作用，又是重要的贮藏器官之一。叶片为长披针形，是进行光合作用和蒸腾作用的主要器官。水稻叶片可以分成三组。第一组，近根叶，又称营养生长叶。此组叶片为茎生叶前第二叶及以下各叶，着生在分蘖节上。近根叶的直接作用是提供分蘖、发根以及基部节间组织分化等所需的有机养分，其后效应是为壮秆大穗形成奠定物质基础。第二组，过渡叶，即分蘖末期至穗分化始期长出的2～4叶。它们中的最下一叶叶鞘在地下非伸长节上，其余1～3叶均为基部的抱茎叶。其功能从分蘖末开始，一直延续到抽穗前后。它们是根系生长，茎秆伸长充实，幼穗分化和发育及籽粒形成的有机营养的主要供给者。第三组，茎生叶，或称生殖生长叶，为最上部3片叶。其功能期始于颖花分化期，一直延续到成熟期前。它们对提高结实粒数和促进中上部节间的发育、籽粒的灌浆、结实等起重要作用。

12. 水稻光温特性

水稻品种在适宜生长发育的日照长度范围内，短日照可使生育期缩短，长日照可使生育期延长，水稻品种因受日照长短的影响而改变其生育期的特性，称为感光性。一般原产低纬度地区的品种感光性强，而原产高纬度地区的品种对日长的反应钝感或无感。南方稻区的晚稻品种感光性强，而早稻品种的感光性钝感或无感；中稻品种的感光特性介于早、晚稻之间。感光性强的品种，在长日照条件下不能抽穗。

水稻品种在适宜的生长发育温度范围内，高温可使其生育期缩短，低温可使其生育期延长，水稻品种因受温度影响而改变其生育期的特性，称为感温性。水稻生长上限温度一般为 40 ℃，而发育上限温度不超过 28 ℃。大多数晚稻品种在短日照条件下，高温对其生育期缩短幅度较早稻大，表明晚稻感温性比早稻强。除此之外，感温性的强弱与水稻品种系统发育的条件也关系密切，一般北方的早粳稻品种比南方的早籼稻品种感温性强。

13. 水稻生育期的决定因素

水稻从播种至成熟的天数称全生育期，从移栽至成熟称大田（本田）生育期。水稻整个生长期可分为营养生长期和生殖生长期，从播种到开花时期为营养生长期，从开花到成熟为生殖生长期。水稻生育期可以随其生长季节的温度、日照长短变化而变化。同一品种在同一地区，在适时播种和适时移栽的条件下，其生育期是比较稳定的，它是品种固有的遗传特性。

14. 水稻产量构成因素

水稻产量是由单位面积上的穗数、每穗粒数（每穗颖花数）、结实率和粒重四个基本因素构成。

穗数的形成：单位面积上的穗数是由株数、单株分蘖数和分蘖成穗率组成的。决定单位面积穗数的关键时期是在分蘖期。因此，促使分蘖早生快发，保证在有效分蘖期达到适宜的茎蘖数，提高分蘖质量和成穗率，最终达到适宜的穗数，是分蘖期管理的主攻目标。

粒数的形成：决定每穗粒数的关键时期是在长穗期。因此，培育壮秆大穗，防止小穗败育是长穗期管理的主攻目标。

结实率和粒重的形成：决定结实率、粒重及最后形成产量的时期是结实期。提高成熟度，促进粒大、粒饱，防止空壳秕粒，实现高产和优质，是结实期栽培的主攻目标。

第3章

水稻插秧机

1. 水稻插秧机的主要类型

机插秧按适应秧苗的状态分为拔洗苗型、带土苗型两类；按动力分为人力插秧机和机动插秧机两类；按地面仿形原理分为传统插秧机和高性能插秧机；按插秧的行距形式分为等行距插秧机和宽窄行插秧机。目前广泛推广应用的水稻机动插秧机主要按行走形式分类，分为四轮乘坐式高速插秧机、两轮手扶步行式插秧机和独轮乘坐式插秧机三种形式，这些类型插秧机都采用带土毯状秧苗，通过对毯式秧苗的分块切取实现秧苗移栽。还有一些机型由于增加了一些施肥、施药、平地等功能而称为多功能插秧机。

2. 水稻插秧机的基本构造

在农业机械中，插秧机是一个较复杂的机械系统。不同类型的插秧机其机构有较大差异，但是其基本的组成相同，都包括发动机、传动系统、行走装置、工作装置和控制系统等，工作装置又分为送秧机构和栽植机构。

（1）发动机： 发动机有汽油发动机和柴油发动机两种。由于插秧机是在水田作业，各种类型的插秧机大多采用重量轻、启动方便的汽油发动机。

（2）传动系统： 将发动机动力传递到行走装置、工作装置和液压升降装置。

(3) 送秧机构：送秧机构包括横向送秧机构和纵向送秧机构，其作用是从横向和纵向两个方向将秧箱中的秧苗不断地、均匀地向秧门输送，供秧爪取秧。

(4) 栽植机构：栽植机构（或称移栽机构）在插秧机上又称插秧机构或分插机构，是插秧机实现取秧和把秧苗插入田中的机构。普通插秧机的分插机构是曲柄摇杆式分插机构，高速插秧机上用的是非圆齿轮行星系分插机构。

(5) 行走装置：常用的行走装置分为四轮、二轮和独轮三种。

(6) 控制系统：控制系统是插秧机中非常关键的系统，目前高性能的四轮和二轮插秧机都采用液压仿形装置，可以有效控制插秧的深度，防止插秧时浮板的壅泥现象。

3. 水稻插秧机的工作原理

通过插秧机的基本构造可以看出：发动机通过传动系统把动力传给行走装置、工作装置和液压系统。驱动轮带动插秧机行进，工作装置的送秧机构把秧箱中的秧苗从横向和纵向定量地送到秧门处，插秧机构的秧针插入秧箱中的秧块，抓取秧苗，并将其取出下移，当移到设定的插秧深度时，由插秧机构中的推秧器将秧苗从秧针上推出、插入田中，完成一个插秧过程。同时，通过浮板和液压仿形装置，设定插秧机的插秧深度，并使得插秧深度基本一致。插秧机工作的基本原理是模仿人手的分秧和插秧动作。

4. 高速插秧机的特点

高速插秧机的工作速度比较高，要求其在田间插秧的行走速度快于1米/秒。四轮乘坐式高速插秧机是在原四轮乘坐式插秧机基础上改进发展而来，采用旋转式分插机构替代了曲柄连杆式分插机构，使分插机构运转速度提高、振动降低，采用每组双插植臂的布置，每一循环取插两次，较曲柄连杆分插机构放弃至少提高一倍，故称为高速插秧机。高速插秧机的行走采用四轮行走底盘，插植机构悬挂在后部，人员乘坐在行走底盘上进行操作。市场上常见的乘坐式高速插秧机，插秧行数有 4 行、6 行和 8 行，行距 30 厘米，如 6 行高速插秧机的作业幅宽为 1.8 米，配套动力 8.5～11.4 千瓦，作业效率每小时 0.4 公顷左右。

5. 手扶步行式插秧机的特点

目前市场上的手扶步行式插秧机都设有液压仿形机构，以保证插秧深度的一致性，属于高性能插秧机。其行走方式采用双轮行走和分体浮板组合方式，左右轮可随地形的变化进行仿形，使插植机构保持水平状态，分插机构采用曲柄连杆机构形式。操纵人员随机后步行前进，市场上常见的手扶式插秧机插秧行数多为 4 行和 6 行，作业幅宽 1.2～1.8 米，配套 1.7～3.7 千瓦汽油发动机，作业效率每小时 0.1～0.2 公顷。

6. 独轮拖板式插秧机的特点

独轮拖板乘坐式插秧机的行走方式采用单轮驱动和整体浮板组合方式，插秧机构采用分置式曲柄连杆机构形式，无倒退功能，对机手的操作技术要求较高。市场上常见的拖板乘坐式插秧机，插秧行数为 6 行，作业幅宽 1.8 米，配套动力 2.94 千瓦左右，作业效率每小时 0.15 公顷左右。

7. 插秧机插秧株距调节

水稻插秧机插秧株距是由插秧机前进速度和插植臂的旋转速度之比所决定，改变二者的比率即可改变插秧株距，通常插秧机的前进速度和插植臂的旋转速度比是由变速箱中的对应齿轮齿数比决定的，通过改变对应齿轮齿数比就可以改变插秧株距。因此，插秧株距的调节杆通常位于变速箱上。

四轮乘坐式高速插秧机变速箱位于操作者的座位下方，株距调节杆通常位于操作者的脚下位置。两轮手扶步行式插秧机变速箱位于发动机和插植机构之间位置，即插秧机的中间位置，株距调节杆通常位于插秧机的中间位置的侧边。独轮拖板乘坐式插秧机变速箱位于插秧机的前部，行走轮上部，株距调节杆通常位于此。

不同生产厂家生产的插秧机株距调节杆位置稍有不同，但无明显差异。在株距调节杆的调节标示上通常有两组标示数值，一组表示株距，单位为厘米；另一组表示密度，表示单位面积所插植的丛数，通常国产插秧机表示每平方米的丛数，日本产插秧机表示每坪（1 坪＝3.303 78 米^2）的丛数。使用者可根据需要和习惯进行调节。

8. 插秧机取秧量调节

水稻插秧机的每丛插植秧苗数量是由插秧机取秧量决定的，取秧量的调节是保证插秧质量的关键因素之一。根据插秧机的工作原理可以知道，插秧机是通过秧针在秧毯上切取一长方形面积的秧苗块实现取秧。而实现切取一长方形面积的秧苗，必须选取横向宽度和纵向宽度，因此插秧机取秧量调节需调节横向取秧量和纵向取秧量两个方面。

横向取秧量调节：横向取秧量是指秧针把秧毯横沿向分割的秧块大小。插秧机的秧毯宽度是定值，横向取秧量的大小是由秧苗箱横向移动的速度和秧针的取秧次数决定。通常插秧机的秧针的取秧速度在前期的插秧密度（株距）已确定，横向取秧量的调节实质是调整秧苗箱横向移箱速度，因此调节装置位于插秧机移箱机构处，通常位于插秧机插植机构的秧箱的后部。调节标示为每一个单向行程的移箱秧针取秧次数，通常是16、18、20、22、24等，各生产厂家的数值、档位不同，在购机时要注意，应该根据自己的生产需要选择。

纵向取秧量调节： 插秧机纵向取秧量是由秧针相对于秧箱下部取秧口的位置决定，秧箱的位置低则取秧量大，相反则小。通常在插秧机秧箱后部有一调节杆和有10个卡口的卡槽，调节杆在不同的卡口则纵向取秧量不同，通常插秧机的纵向取秧量为0.8～1.7厘米，可根据需要调节。

9. 插秧机机插深度调节

不同插秧机调节插秧深度的方法不同，但其基本原理相同，即通过调节浮板与秧针运动最低点之间的距离，实质是调节浮板相对于插秧机的高度来调节插秧深度，有专门的调节机构和操纵杆。但由于田间软硬程度不同，实际的插秧深度还需视具体情况而定。若把插植深度调节手柄置于“浅”位置，插植深度变浅，置于“深”位置，则插植深度变深。

10. 我国主要水稻插秧机生产企业与品牌

吉林延吉插秧机制造有限公司： 延吉插秧机制造有限公司原名延吉插秧机制造厂始建于1953年，生产“春苗”牌插秧机。1982年开始生产带土苗独轮拖板式水稻插秧机，并成为公司的主要产品，有多种型号，也生产部分手扶步行式插秧机。

南通富来威农业装备有限公司： 南通富来威农业装备有限公司位于江苏南通，是我国较早生产手扶式插秧机的生产企业，生产“富来威”牌插秧机。主要生产手扶步行式插秧机，有6行、4行、宽窄行等多种型号。

浙江小精农机制造有限公司： 浙江小精农机制造有限公司是专业生产高性能插秧机的农机企业，公司位于浙江上虞，生产“小精”牌插秧机，主要生产手扶式步行插秧机。有4行、6行、8行手扶式机动插秧机，行距有30厘米、25厘米等行和宽窄行不等行多种型号。

中机南方机械股份有限公司：中机南方机械股份有限公司（原现代农装湖州联合收割机有限公司、现代农装株洲联合收割机有限公司），公司位于浙江湖州，生产“碧浪”牌插秧机。生产的水稻插秧机有高速乘坐式插秧机、手扶步行式插秧机、独轮拖板式插秧机多种形式，以高速乘坐式插秧机为主，生产的高速插秧机有6行、8行等型号，行距30厘米、24厘米。

柳州五菱柳机动力有限公司：柳州五菱柳机动力有限公司始建于1928年，主要从事内燃机地开发和制造，2011年开始生产插秧机。生产“五菱柳机”牌插秧机。生产的4行手扶式步行插秧机行距30厘米，横送秧移次数为14次，适合大钵插秧。

11. 我国主要水稻插秧机类型及其生产商

手扶步进式插秧机：“富来威”2Z－455型手扶步行式插秧机，南通富来威农业装备有限公司生产；“小精”AP60型手扶步行式插秧机、2ZX－430A型手扶步行式插秧机，浙江小精农机制造有限公司生产；“五菱柳机”牌SPE175C型手扶步行式插秧机，柳州五菱柳机动力有限公司生产。

乘坐高速式插秧机：“碧浪”牌高速插秧机有2ZG630A、2ZG824两种型号，中机南方机械股份有限公司生产。

独轮拖板插秧机：“春苗”牌2ZT－9356B型（可配带施肥器）、2ZT－7358B型、2ZTY－430型独轮拖板式插秧机延吉插秧机制造有限公司生产；“秧秧乐”水稻插秧机，山东伍征集团有限公司生产；“时风”牌2Z－6300型乘坐式水稻插秧机，山东时风（集团）责任有限公司生产。

12. 国外主要水稻插秧机生产企业与品牌

久保田农业机械有限公司（日本）：日本株式会社久保田创立于1890年，作为日本最大的农机制造商，在农业机械（联合收割机、插秧机、拖拉机）领域生产技术水平处于世界前列。位于江苏苏州的久保田农业机械（苏州）有限公司主要生产“久保田”牌插秧机，产品有多种型号的高速乘坐式插秧机和手扶式插秧机。

洋马农机有限公司（日本）：洋马农机（中国）有限公司由日本先锋企业“洋马集团”主导设立，生产“洋马”牌插秧机。该公司是在中国较早生产高速乘坐式插秧机的企业，现生产有多种型号的高速乘坐式插秧机和手扶式插秧机，其中 VP6 型高速乘坐式插秧机在中国占有较大的市场份额。

井关农机有限公司（日本）：为日本井关农机株式会社独资企业的井关农机（常州）有限公司，生产“井关”牌插秧机。现生产多种型号的高速乘坐式插秧机和手扶行走式插秧机。

东洋机械有限公司（韩国）：江苏东洋机械有限公司（原江苏东洋插秧机有限公司）成立于 2001 年 3 月，是我国第一家生产高性能插秧机和收割机的中韩合资企业，生产“东洋”牌插秧机。目前，公司对高速乘坐式插秧机和手扶行走式插秧机都有生产，但以手扶式为主。

国际综合机械有限公司（韩国）：韩国国际综合机械株式会社是韩国最大的农机制造商之一，拥有 40 多年的农机制造历史，生产“国际”牌插秧机。与中国在安徽合资建立安徽京田机械股份有限公司，拥有合肥和宿州两大生产基地，生产“京田”牌半喂入稻麦收割机和插秧机。生产的插秧机有多种型号的高速乘坐式插秧机和手扶式插秧机，以组装韩国散件为主。

13. 国外主要水稻插秧机类型及其生产商

手扶步进式插秧机：久保田的产品有：SPW－28C、SPW－48C 和 SPW－68C 型，洋马公司产品有 AP4 系列，井关农机产品有 PC6 型，东洋产品有 P28 型、PF48 型和 PF455S 型。

乘坐高速式插秧机：久保田的产品有 SPD－8、SPU－68C、NSD8 和 NSPU－68C 型，洋马公司产品有 VP6 系列、VP6E 系列和 VP8D 系列，井关农机产品有 PZ60、PZ60－T、PZ60－DT、PZ80D－25 和 PZ80 型，东洋产品有 PD60 和 PZ60－DT 型。

14. 水稻机插质量主要评价指标

机械化插秧的作业质量对水稻的高产、稳产至关重要，生产上常用下列指标来衡量水稻机械插秧质量。①漏插率：漏插率指机插后插穴内无秧苗的穴数（包括漏插和漂秧）占总穴数的百分率。一般要求漏插率≤5%。②勾秧率：勾秧率是指机插后秧苗基茎部90°以上的弯曲苗数所占的比例。一般要求勾秧率≤4%。③伤秧率：伤秧率是指机插后秧苗茎基部有折伤、刺伤、撕裂和切断等现象的苗数所占的比例。一般要求伤秧率≤4%。④翻倒率：翻倒率指机插后带土苗倾翻于田中，使秧叶与泥土接触的穴数占总穴数百分比。一般要求翻倒率≤3%。⑤漂秧率：漂秧率指插后秧苗漂浮在水（泥）面的比例。一般要求漂秧率≤3%。⑥均匀度合格率：均匀度合格率指每穴苗数符合要求的穴数占总穴的百分比。一般要求均匀度合格率≥85%。⑦插秧深度一致性：一般插秧深度以秧苗土层上表面为基准≤10 毫米。⑧行距误差不超过±1 厘米，株距误差不超过±1 厘米。另外，还有一个直立度可以作为机插质量评价指标。直立度是指秧苗栽插后与铅垂成偏离的程度，与机器前进方向一致的倾斜称为前倾，用正角表示，反之称为后倾。为避免刮风时出现“眠水秧”（即秧梢全部躺在水里），直立度的绝对值以小于 25°为宜。

15. 水稻插秧机秧苗补给方法

往水稻插秧机上补充秧苗具有一定的技术要求，否则，将影响插秧的均匀性和产生漏秧。其技术要点：

（1）补给秧苗时，在秧苗超出苗箱的情况下应该拉出苗箱延伸板，防止秧苗往后弯曲的现象出现（图 3－1）。

（2）取苗时，把苗盘一侧苗提起，同时插入取苗板（图 3－2）。

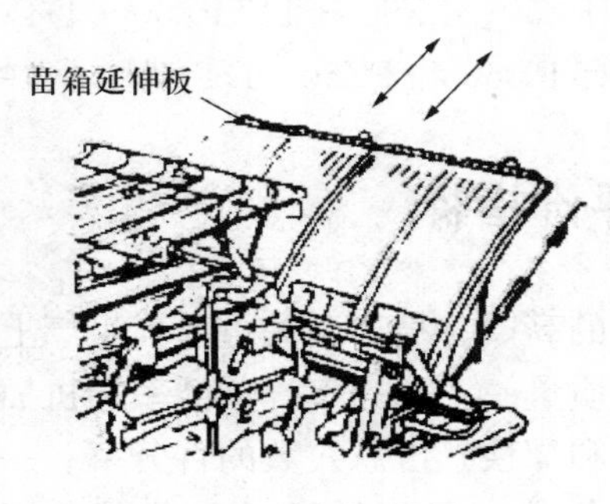

图 3-1　苗箱延伸板

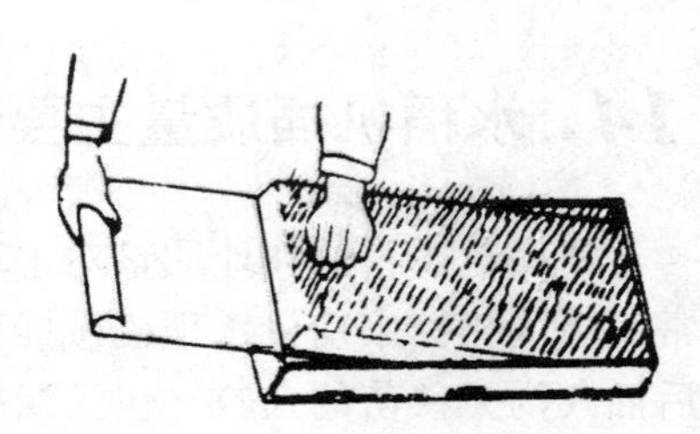

图 3-2　取苗方法

（3）在初次加秧或苗箱上没有秧苗时，务必将苗箱移到左或者右侧，再补给秧苗。

（4）插秧过程中如苗箱上的秧苗不多时，应及时补充秧苗。手扶插秧机苗箱板的下方都有补充秧苗的标志，秧苗应该在达到补给位置线之前就应给予补给。若等低于补给位置线时补给秧苗，插秧后穴株数就会减少。补给秧苗时，剩余苗要与补给苗面对齐。高速插秧机的苗箱板上都设有缺秧报警装置，当缺秧报警装置响时，应该及时补充秧苗。

16. 水稻插秧机安全离合器的正确使用

安全离合器是防止插植臂过载的保护装置。若插植臂停止工作并发出“咔咔”声音，说明安全离合器在起作用。这时应采取以下措施：迅速切断主离合器手柄，然后熄灭发动机；检查取苗口与秧针间、插植臂与浮板间是否夹着石子，如有要及时清除；若秧针变形，应进行更换。对手扶式插秧机可以通过拉动反冲式启动器，确认秧针是否旋转自如，清除苗箱横向移动处未插下的秧苗后再启动。

17. 水稻插秧机软硬度（油压感度）的调节方法

高速插秧机上设有软硬度（油压感度）的调节装置，有的是用调节杆，有的用调节旋钮进行调整，其作用是根据大田土壤的软硬程度，通过油压感应调节手柄，改变油压敏感度，使浮板适度地接触地面，保证插秧机在不同的软硬地上插秧时插秧深度一致。调节后，插秧深度会有变化，应重新确认插秧深度，如达不到要求，需再一次调节。若把油压感度置于“软田”侧，插植深度会变浅，置于“硬田”侧，插植深度会变深，因此，在油压感度调节的同时，可以通过调节手柄调节插植深度。

18. 水稻田埂边的插植方法

机插作业方法因根据水田的大小及形状而定。因此，在机插作业开始前，应先考虑好按何种顺序作业。一般情况下，一是要考虑田边位置多留一点，便于转弯；二是插秧机作业接近田埂边时，要仔细观察并考虑剩下的行数，在倒数第二回合时就要调整好，以便田埂边最后能全部插满，不需要凑行数（图 3－3）。需要凑行数时，在倒数第二回合作业时，单元离合器和阻苗器配合使用，减少第二回合作业行数，使最后一回合满幅作业，插满田埂边（图 3－4）。若在前轮碰到田埂前，把主变速手柄置于“前进”位置，轻踏变速踏板，转动插植臂，就易对齐最后栽种行（图 3－5）。

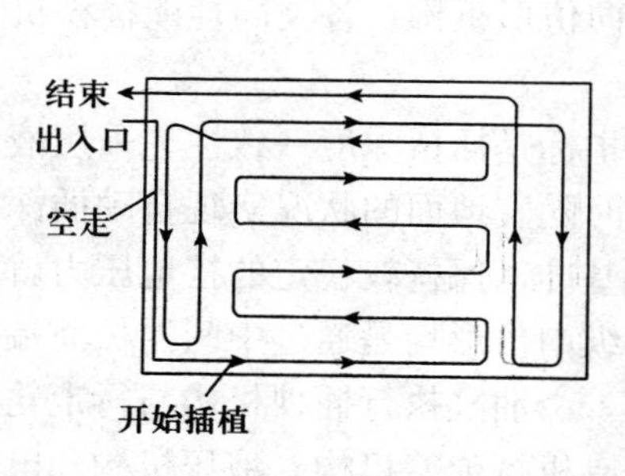

图 3－3　不需凑行数时的作业示意图

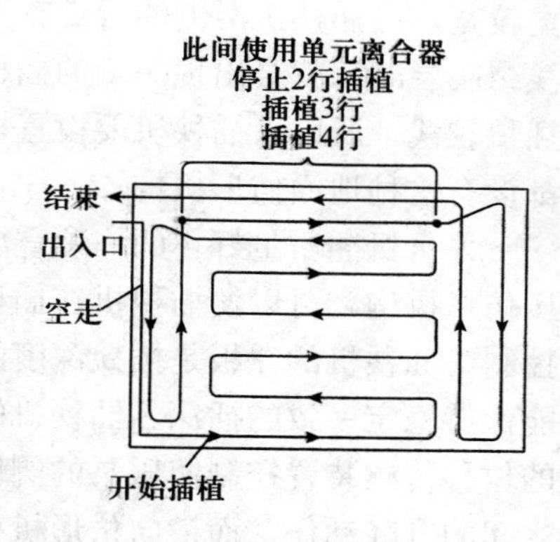

图 3－4　凑行数时的作业示意图

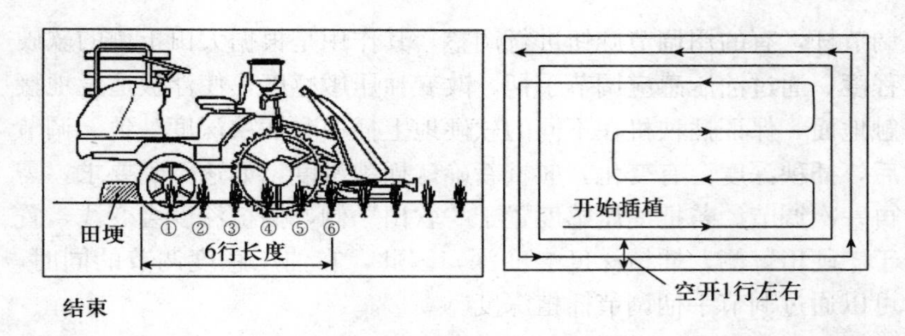

图 3-5　对齐最后栽种行的方法

19. 水稻插秧机地面仿形机构的作用

大田经过耕耙后，地表基本平整。但是，耕耙过程中的犁底层往往不平整，有时高度相差较大。插秧机工作时，插植机构重量是靠插秧机的行走轮来支撑，如果插秧机构与行走轮间是固定连接，没有仿形功能，那么当两个行走轮走到较深的犁底层时，插秧机构插的秧就会深；当两个行走轮走到较浅的犁底层时，插秧机构插的秧就会浅，达不到插秧深度一致的农艺要求，所以，插秧机要设置纵向仿形机构。由于一般插秧机插秧行数都在 4 行以上，插秧的幅宽较宽，当插秧机两侧的行走轮一个走在较深犁底层、一个走在较浅犁底层时，就会出现一侧的插秧机构插秧较深，一侧的插秧机构插秧较浅。所以，插秧机要设置横向仿形机构。各类高性能插秧机都设有这种地面仿形机构。

评价机插质量好坏的一项重要指标是插植深度一致性。采用液压仿形机构，可以使插秧机在插秧时随着地面的状况实现自动插深控制。插秧机的浮板是插秧深度的基准，保持较稳定的接地压力就能保持稳定一致的插深。插秧机的纵向仿形均是通过中间浮板前端的位移传感装置控制液压泵的阀体，由油缸执行插秧机构与行走轮之间的升降动作。而横向仿形机构有机械弹簧机构、液压机构和电机减速机构。

20. 水稻插秧机苗箱附件的使用

阻苗器： 用于停止供给 1 行苗时使用。使用时，先把苗床移向上方，把阻苗器置于固定位置后便可停止供苗。

苗床压杆： 用于压住苗床，防止苗床破碎。使用时，根据苗的状态及苗床厚度，用苗床锁定杆与蝶形螺栓上下滑动苗床压杆进行调节。

压苗棒： 用于防止苗歪倒，便于秧爪取苗，避免伤秧而导致插植姿势凌乱。

21. 水稻插秧机使用前的保养维护要点

水稻插秧机是季节性使用的装备，存放时间大于使用时间，做好使用前后的保养维护工作是保证水稻插秧机工作质量、减少故障、延长使用寿命的关键。插秧机使用前通常要注意以下几点：①检查发动机，更换机油、清洗化油器、拆洗沉淀杯、检查各运转部件的运动性及各连接部分，后加入燃油试运转发动机及整机的运行。②检查秧针的形状及秧针与取秧门间的左右间隙，秧针应处于取秧门的中间位置，如果偏向一侧，易损坏秧针。可以通过调节秧箱的左右位置进行修正，秧针如有变形应进行修复或更换。③各组的插植臂及秧针的位置应保持一致。因插秧机的秧箱的左右移箱是统一的，如果插植臂及秧针的位置不一致，将造成取秧时间不一致，使各秧针取秧量不同，影响插秧的均匀性。④检查各控制手柄拉线的间隙及灵敏度。由于插秧机的操控大多采用拉线控制，拉线的间隙及灵敏度将影响插秧机的操控性。

22. 水稻插秧机使用后的保养维护要点

插秧机使用后，需要注意保养维护，其要点：①清洗整机，检查各运转部件的运动性及各连接部分，更换损坏部件。②加注机油。要在各滑动部件的接合处和各手柄拉线的接口处加注机油。③将秧箱置于中间位置后停机，排干燃油，配有电瓶的将电瓶充满电。

第4章

水稻机插的品种选择

1. 水稻类型及其特点

我国水稻按类型可分为籼稻、粳稻品种。从形态特征和经济形状上看，一般籼稻的茎秆较粗，分蘖力较强，叶色较淡，谷粒细长，容易脱粒，出米率较低。籼米的直链淀粉含量高，煮饭时涨性大，黏性小，米饭散落。粳稻一般茎秆较细，分蘖力差，叶色较深，谷粒短圆，不易落粒，出米率较高，碎米少。粳米的直链淀粉含量低，米饭黏性大，涨性小。从生理特性和适应性上来看，籼稻一般吸肥性强而耐肥力差，易倒伏，耐寒力较差，温度在 12 ℃以上才能发芽。粳稻较抗倒伏，耐寒力较强，温度达到 10 ℃即可发芽。在温度适宜的条件下，籼稻叶片的光合速率高于粳稻，繁茂性好，易早生快发。籼稻适于在低纬度、低海拔的湿热地区栽培，如我国南方稻区。粳稻适于在高纬度，高海拔地区栽培，如我国的东北稻区、华北稻区和西北稻区，也可在云贵高原高海拔稻区和长江流域双季稻区做中粳和晚粳种植。

2. 水稻品种类型及其特点

我国水稻生产中品种类型多样，在生产上有杂交稻和常规稻。杂交稻是利用杂交代（F_1）进行水稻生产的，由于它的遗传基础是杂合体，杂种个体间遗传型相同，故从外观上看，群体整体一致，可以作为生产用种，但第二代（F_2）开始会产生性状分离，优势减退，产量明显下降，不能继续做种子使用。因此，杂交稻必须进行生产性制种。杂交稻有三系杂交稻和二系杂交稻，目前杂交稻种植面积约占我国水稻面积 60％左右。与杂交稻相比，常规稻遗传特性稳定，当代和后代性状一致，在正常情况下可以留种。目前我国大多数杂交稻是籼型杂交稻，在南方种植，北方主要种植常规粳稻。

3. 水稻种植季节及特点

水稻根据种植季节可分为单季稻和双季稻（连作稻）。双季稻中第一季种植的水稻叫早稻，第二季种植的水稻叫晚稻。单季稻，也叫中稻，每年在同一块稻田里种植一季水稻。北方地区受温度影响一年只能种植一季水稻，即单季稻。南方地区，温度较高、热量资源丰富，可以种植一季，也可以种植二季。根据地区不同，单季稻品种可以是常规稻和杂交稻，粳稻和籼稻。连作稻中，早稻品种感温性强、感光性弱，晚稻品种感温性弱、感光性强。长江中下游地区的连作稻，早稻为籼稻，晚稻有籼稻和粳稻，华南地区早稻和晚稻均为籼稻。

4. 水稻机插秧品种熟期选择

我国机插秧主要采用中小苗机插技术，秧龄比手工插秧短，播种期一般比手插秧迟，如连作晚稻机插要迟 10～15 天播种。因此连作稻机插要在早晚稻品种搭配上能达到早稻熟期与晚稻早栽的适期相衔接，能确保晚播在短龄条件下安全齐穗。早稻机插品种应选择穗粒兼顾型的中熟品种为主，少量搭配早熟品种，以调节晚稻的插秧季节。晚稻品种受前期制约，所选品种要中熟偏早。在南方单季稻区，生育期不是水稻生产的主要限制因素，大多数单季稻品种均可用于机插，应依据生态条件选择在当地能安全成熟的生育期较长的品种作主栽品种，以便提高单产。

5. 水稻机插秧品种株型选择

由于机插秧每丛苗数多，机插后返青慢，群体大，所以应选择株高适中、株型紧凑、抗倒伏能力强的品种作机插品种。双季稻机插秧往往穗数不足，限制了产量增加，因此需要选择分蘖力强、穗型大品种作机插品种，以达到穗粒兼顾、群体与个体协调。单季稻机插品种应根据种植地生态条件，选择适宜当地种植的株型紧凑、优质高产、抗性好及生育期适中的高产品种作机插品种。这些品种要求根系发达、扎根深、茎秆伸长节间短、粗壮坚硬、剑叶角度小。

6. 水稻机插秧品种分蘖力选择

与常规手插秧育秧相比，机插秧播种量大，常规稻为 100～150 克/盘，杂交稻为 80～100 克/盘。机插秧苗生长处在一种密生生态条件下，秧苗素质差，机插伤秧伤根严重，秧苗机插深，返青慢。中小苗机插秧理论上一次分蘖蘖位较常规手插秧苗少 2 个左右，且减少的为有效蘖位，中高蘖位分蘖成穗比例高，单株分蘖成穗数比手插秧低，有效分蘖个体生长量小。因此，机插秧要选择分蘖力强、分蘖发生早而快的品种作机插品种，尤其是早稻，由于多数为常规稻，且机插秧行距宽，因此特别需要分蘖力强的品种作机插品种。

7. 水稻机插秧品种穗型选择

早稻和晚稻品种由于生育期短，分蘖不足，有效穗数常常不足。有效穗数不足是限制早稻和晚稻产量提高的主要原因，因此要选择每穗粒数多、结实率高、粒重适宜的品种作机插品种，同时早稻还应考虑不易落粒的品种，以防止早稻收获后稻种落入田间，混杂在后季晚稻中且影响晚稻产量。南方单季稻穗数不是限制其产量提高的主要因素，因此，穗型选择上可以选择穗数和穗粒数兼顾的抗性好、株型紧凑的高产品种作机插水稻品种，同时要求穗层整齐，有利机械化收割；北方寒地水稻品种多为常规粳稻，因此，需要选择分蘖力强、穗型大的高产品种作机插水稻品种。

8. 早稻机插适宜品种

根据水稻机插秧品种生育期、株型、分蘖力和穗型要求，及生产实际，目前适宜我国长江中下游早稻机插品种：浙江有中早 35、中早 39、中早 22、中嘉早 32、中嘉早 17、金早 47、甬籼 15、嘉育 253、嘉育 280 等；安徽有 K167、中组 3 号、嘉兴 8 号、早珍珠、嘉早 312 等；江西有先农 3 号、先农 37、金优 463、金优 458、淦鑫 203、陆两优 996、两优 287 等；湖南有湘早籼 31、株两优 02、金优 402、创丰 1 号等；湖北有鄂早 18、嘉育 498、金优 402 等。适宜华南早稻机插品种：福建有佳辐占、汕优 016、新香优 80、威优 89、金优 07 等；广西有金优 402、威优 160、中优 1 号、株两优 819、特优 63、Y 两优 1 号等；广东有培杂泰丰、桂农占、丰美占、黄华占、粤晶丝苗 2 号等；海南有特优 128、天优 2168 等。

9. 单季稻机插适宜品种

我国南方单季稻区生育期并不是水稻生产主要的限制因素，大多数单季稻品种均能用于机插，因此，应根据生态条件，选择在当地能安全成熟的优质高产品种。目前，我国南方单季稻生产面积较大的品种有 Y 两优 1 号、新两优 6 号、扬两优 6 号、两优培九、甬优 12 号、中浙优 1 号、内Ⅱ优 6 号、淮稻 9 号、武运粳 23、南粳 44 等；北方稻区目前应用面积较大的有空育 131、龙粳 26、龙粳 21、盐丰 47、垦鉴稻 6、辽星 1 号、吉粳 88、龙粳 20、龙粳 27、松粳 12 等。

10. 连作晚稻机插适宜品种

连作晚稻的品种选择受前作制约，后期又易受气候影响，季节紧，生育期和有效分蘖期短，因此要求所选品种熟期中熟偏早、耐迟播迟栽、分蘖快、感光性强，苗期耐高温、后期耐寒性强，能安全灌浆成熟的品种。长江中下游稻区适宜机插晚稻品种有天优华占、秀水110、甬优8号、五优308、天优998、金优207、丰源优299、协优432、岳优9113等；适合在华南晚稻机插品种有天优998、天优华占、佳辐占、特优航1号、Ⅱ优航1号、两优培九、甬优6号、特优158、汕优10号、汕优82、博Ⅱ优15、特籼占25、粤晶丝苗2号、桂农占、博优998等。

11. 双季稻机插品种搭配

根据各地的热量条件和种植制度，机插连作早、晚稻品种应按照各品种的熟期迟早进行搭配，即中配中、迟配早、早配迟。切不可迟配迟或早配早，因为迟配迟会使迟熟晚稻迟栽迟熟，导致不能安全齐穗，造成翘稻头，甚至颗粒无收；早配早则早稻早熟早割，晚稻也早插早熟，光能条件不能充分利用，影响全年水稻产量。

第5章

水稻机插播种

1. 早稻播种量确定

目前我国种植的早稻品种绝大多数为常规稻，影响其产量的限制因素主要是有效穗数不足。因此，机插规格一般采用 30 厘米×12 厘米，即每公顷种植密度在 27.75 万丛。为保证机插效果，每个秧盘取秧次数 650 次左右，加上备用秧盘，一般情况下早稻机插秧每公顷需育 450 盘秧苗。按目前我国常规稻播种量 100～120 克/盘计算，早稻机插每公顷需准备 45.0～54.0 千克的种子，在此范围内可根据品种的发芽率和千粒重等因素调节，如发芽率高、千粒重轻的品种可适当降低播种量，而发芽差、千粒重高的品种要适当增加播种量。

2. 单季稻播种量确定

我国种植的单季稻品种有杂交稻和常规稻两种类型，杂交稻机插时行距 30 厘米，株距一般为 16～21 厘米，即每公顷种植密度在 15.0 万～21.0 万丛，按每盘取秧 650 次，单季杂交稻机插秧每公顷需 225～300 盘秧苗，考虑到机插漏秧及秧苗素质，目前杂交稻每盘播种量一般在 70～90 克，因此，每公顷单季杂交稻机插的总播种量为 21.0～27.0 千克，发芽率高、千粒重轻的品种可适当降低播种量，而发芽差、千粒重高的品种要适当增加播种量。单季常规稻分蘖力相对弱一点，机插时行距 30 厘米一般株距 12～14 厘米，即每公顷插 24.0 万～27.0 万丛，按每盘取秧 650 次每公顷需要 375～420 盘秧苗，目前单季常规稻每盘播量一般在 90～120 克，每公顷播种量为 34.5～51.0 千克。另外，播种时还需要根据实际情况适当多育些秧苗备用。

3. 晚稻播种量确定

连作晚稻有杂交稻，也有常规稻，播种量要根据品种类型确定。杂交晚稻一般株距 16～18 厘米，每公顷种植密度 18.0 万～21.0 万丛，按每盘取秧 650 次，每公顷需要 285～330 盘秧苗，一般杂交晚稻每盘播种量 80～100 克，则每公顷需要 22.5～33.0 千克种子。为确保有效穗数，常规晚稻机插一般株距 12 厘米，每公顷种植密度 27.75 万丛，按每盘取秧 650 次，每公顷需要 435 盘秧苗，一般每盘播种量 100～120 克，则每公顷需要 43.5～52.5 千克种子。另外，播种时还需要根据实际情况适当多育些秧苗备用。

4. 机插秧盘类型及规格

我国机插秧育秧秧盘按材料类型分有硬盘和软盘，按培育秧苗类型可分有毯状苗育秧盘和钵形毯状秧苗育秧盘。硬盘用聚丙乙烯或聚乙烯（PVC）经注塑机压注加工制成，盘底开有直径2～3 毫米的圆孔或边长为 3 毫米的方孔作为透水孔，透水孔的总面积占盘底面积的 6%～9%，过少或过多都不利于秧苗的培育。软盘是采用 PVC 膜片压制或吸塑设备加工而成，膜片形成的内侧形状与硬盘相同，底面为平面，周边有 25 毫米的立边。秧盘的尺寸类型主要有 2 种，即九寸*秧盘和七寸秧盘。九寸秧盘内径长×宽×高分别为 58 厘米×28 厘米×2.8厘米，七寸秧盘内径长×宽×高分别为 58 厘米×21.5 厘米×2.8 厘米。目前我国主要采用九寸秧盘，

* 寸为非法定计量单位，1 寸≈3.33 厘米，下同。

可在机插行距 30 厘米的插秧机上使用。

5. 机插育秧主要播种方法

我国水稻机插育秧的播种方式有手工播种、流水线播种和田间轨道播种等，手工播种主要在南方稻区泥浆育秧中使用，适合于机插秧面积较小的小规模农户；流水线播种是指应用播种流水线设备，一次性完成放盘、铺土、镇压、喷水消毒、播种、覆土装置、盘中播种覆土等作业，适合在工厂化育秧中使用，播种效率高，但育秧取土困难，同时需要用硬盘及播种后移入秧田育秧，目前主要在南方一些种植大户和专业合作社中使用；田间轨道播种是北方农垦及地方农场采用较多的一种播种方式，在大棚中铺设轨道，秧盘播种器架设在轨道上行走同时播种，行走靠电力或人力推动。设备包括播种机、覆土机和轨道，能直接在育秧大棚及田间作业，播种效率高，由于选摆盘后才播种和盖土，可采用软盘育秧。

6. 机插流水线播种

播种流水线由机架、秧盘输送机构、床土机构、刷土机构、洒水装置、播种机构、覆土机构、电控箱、传动系统及床土粉碎机、过筛机及其他附属设备等组成。播前先准备好床土，并进行机械播种前的安装与调试，安装播种流水线的地面要平整坚实，以防机体下陷或高低不平。前后机架要对齐，输送秧盘三角皮带松紧度要合适，太松容易打滑，影响秧盘的输送，使播种质量变差，过紧则会增大负荷，影响三角皮带的寿命。调试前应先接好电气线路，加好润滑油，水泵加足引水，然后接通电路，进行空载试运转，观察各传动部件是否正常运转。运转正常后调节好播种量、床土铺放量、覆土量和洒水量，直至符合要求为止。一次性完成放盘、铺土、镇压、喷水消毒、播种、覆土装置，盘中播种覆土等作业后，为确保有较高的成苗率和整齐度，加快秧苗生长，在不设置温室的条件下，提倡播种后将秧盘叠放（2横2竖每叠约100盘）在室外竖芽，顶部和四周覆盖塑料薄膜，48～72小时后，芽长至0.8厘米左右时运送到秧田脱盘摆放。

7. 水稻田间轨道机械播种

水稻田间轨道机械播种技术在北方大棚旱育秧中应用较普遍，是指利用轨道播种装备进行田间播种，其原理与流水线播种不同。流水线播种是播种器固定在一个地方，播种通过一系列机械使秧盘走动，完成装土、播种和覆盖；而田间轨道机械播种首先完成摆盘装土后，在田间或大棚中铺设轨道，通过用架设在轨道上的播种器行走完成播种过程，行走靠电力或人力推动。播前要做好播种器的检修工作，根据播种量来调整播种器，同时调好播种的均匀度，再进行播种，北方大棚育秧在播种后也同样用播种器完成覆土作业。

8. 机插手工播种

目前我国许多地方无法用流水线播种，加上田间播种机械缺乏，也采用手工播种，特别是我国南方稻区的泥浆育秧。泥浆育秧的播种方法主要为人工撒播，在完成摆盘、装土或泥浆后，按区域根据秧盘数量确定播种量，用人工均匀撒播。生产上为提高效率，一般用三合板或塑料板制作一块长2米、宽0.3米的板子，在播种时紧贴秧盘边，防止种子撒到秧畦面上。可分次细播，确保播种均匀，最后注意秧盘四周种子是否均匀，必要时留部分种子对四周进行补播。手工播种的缺点是播种精确度差，易造成适期确定漏秧及每丛苗数差异较大。

9. 早稻播种适期

双季稻机插在早晚稻品种搭配上要做到早稻成熟期与晚稻早栽

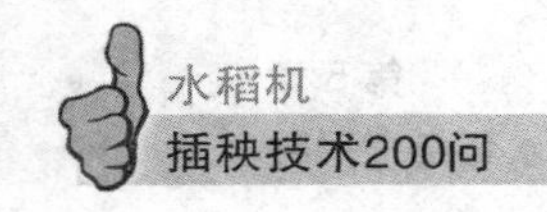

的适期相衔接，并确保晚稻在短龄条件下安全齐穗。因此，早稻机插品种应选择穗粒兼顾型的中熟品种为主，少量搭配早熟品种，以调节晚稻播种季节，同时还要求所选品种苗期和生育中期耐寒性强、生育后期耐高温。在选择好适宜的机插品种后，早稻机插播期要根据品种特性、当地温光条件和前季作物的收获期等因素确定。早稻应该注意倒春寒对秧苗的危害，一般日平均气温稳定通过12℃以上，才能开始播种，还要注意避开穗分化和抽穗扬花期高温的危害，播期不可过迟。一般长江中下游早稻在3月中下旬播种，秧龄25～30天；华南稻区在3月上中旬播种，秧龄20～30天。

10. 单季稻播种适期

虽然机插稻受小苗移栽秧龄的限制，播种期比传统手插中大苗移栽要迟10～15天，但在我国南方单季稻区生育期并不是主要的限制因素，大多数单季稻品种均能用于机插，因此，应根据生态条件，选择在当地能安全成熟的生育期较长的品种做主栽品种。所选的品种要求株型紧凑、优质高产、抗性好及生育期适中。南方单季稻具体的播种期首先应该与当地种植制度相适应，然后根据茬口、移栽期和适宜机插叶龄等因素来确定。单季稻的播种期相对灵活，长江中下游机插适宜播期为5月中下旬至6月初，秧龄15～20天；西南稻区如四川在3月底至4月初播种，秧龄30～35天；北方稻区由于生育期紧，一般在4月上中旬播种，秧龄25～35天。

11. 连作晚稻播种适期

连作晚稻机插品种选择受前作制约，后期又易受气候影响，季节紧、生育期和有效分蘖期短，因此要求所选品种熟期中熟偏早，耐迟播迟栽，分蘖快，感光性强，苗期耐高温、后期耐寒性强，能安全灌浆成熟。同时，要根据品种特性和早稻收获期来合理安排播种期，机插播种期通常要比常规手插推迟10～15天。另外，在确保品种能安全齐穗成熟前提下，也要依照实际情况（如插秧机拥有量、栽插面积、机手熟练程度、工作效率等）确定适宜移栽期，安排好插秧进度，分期分批浸种，严防秧龄超期移栽。目前我国长江中下游晚稻机插播种一般在6月底至7月中旬，秧龄15～18天。同时，由于晚稻育秧期间温度高，秧苗生长快，需要通过喷施多效唑等生长调节剂控制秧苗株高，延长机插秧龄弹性，防止早稻尚未收割而晚稻秧苗已超高的现象出现。

12. 水稻秧盘播种量与粒数关系

水稻每盘播种量与粒数存在正相关关系。在一个水稻品种千粒重确定的情况下，播种量越大则每盘种子粒数越多。播种量与粒数的关系可表示为：粒数＝播种量/千粒重×1 000。一般常规稻播种量100～120克/盘，杂交稻播种量80～100克/盘，如果水稻千粒重为25克，则常规稻每盘粒数为4 000～4 800粒，杂交稻每盘粒数为3 200～4 000粒。

13. 水稻秧盘播种量与苗数关系

水稻机插秧每盘苗数与播种量、种子千粒重和成苗率密切相关，具体可用以下公式表达：苗数＝播种量/千粒重×1 000×成苗率。即播种量越高、成苗率越高，则每盘的苗数越多，假设某杂交稻播种量80克/盘、千粒重25克，成苗率60%，理论上每个秧盘的苗数应为1 920株，假设成秧率达到80%，则每个秧盘的秧苗数应为2 560株。因此，可通过增加播种量，加强出苗和育秧的温度、肥水管理，提高成苗率，从而保障秧苗数量，减少机插漏秧率。

14. 水稻机插种子处理方法

水稻种子在生长和收获期间常感染、携带各种病原菌，如稻恶苗病、稻瘟病、稻细菌性条斑病、稻曲病等。水稻种子播种前经浸种消毒后可明显减轻这些病害的发生和推迟这些病害的田间初见期。种子处理包括选种、浸种、消毒和催芽等。

15. 水稻机插种子精选的主要方法

机插秧种子在播种前要做好晒种、脱芒、选种、发芽和成苗试验等工作。种子的精选包括晒种、风选和水选三种方法。水选又包括清水漂洗法和盐水选种。我国南方稻区一般采用风选法和清水漂选法选种。所谓风选法即在种子播种前先将种子晒种1～2天，再用低风扬去空瘪粒，确保种子均匀饱满，发芽势强。所谓清水漂选法是利用清水的浮力使种子分成浮沉两部分，然后分别催芽播种，可使同一盘秧苗生长相对整齐。北方稻区一般采用盐水选种，盐水比重为1.13，每一次选种都要重新调整盐水比重，以保证选种质量。选好的种子要用清水漂洗1～2次，洗去附着在种子表面的盐分。

16. 水稻机插育秧种子浸种方法

水稻的种传病害有恶苗病、稻瘟病、稻曲病和白叶枯病等，此外还有苗期通过灰飞虱传播的条纹叶枯病，这些病害均可用药剂浸种的方法来防治。要针对各地的水稻主要病害有目的选择浸种药剂。南方稻区浸种时可选用使百克或施保克1支（2毫升）加10%吡虫啉10克对水6～7千克，浸种量为5千克。或根据当地农业部门提供的防治水稻病害的药物对水浸泡。浸种时间长短随气温而定，籼稻一般2天左右。稻种吸足水分的标准：谷壳透明，米粒腹白可见，米粒容易折断而无响声。北方稻区浸种消毒一般按每公顷本田用45.0千克种子，用5～6千克水，加入25%施保克乳油2毫升或35%恶苗灵20克混匀，水温保持在11～12℃，浸种消毒8～9天。建议推广袋装浸种法，便于翻动、沥水、通气，每日上下翻倒1次，大体浸好需积温80～100℃。种子浸好标志：稻壳颜色变深，稻谷呈半透明状态，透过颖壳可以看到腹白和种胚，米粒易捏断，手碾呈粉状、没有生芯。

17. 水稻机插育秧种子催芽方法及要求

催芽的主要技术要求是“快、齐、匀、壮”。“快”是指2天内催好芽；“齐”是指发芽势达85%以上；“匀”是指芽长整齐一致；“壮”是指幼芽粗壮，根、芽比例适当，颜色鲜白，气味清香，无酒味。根据种子生长萌发的主要过程和特点，催芽可以分为高温破胸、适温催芽和摊晾炼芽三个阶段。高温破胸：稻谷上堆至种胚突破谷壳露出时，称为破胸。种子吸足水分后，适宜的温度是破胸快而整齐的主要条件。在38℃的温度上限内，温度愈高，种子的生理活动愈旺盛，破胸迅速而整齐；反之，则破胸慢，且不整齐。为了保证种子破胸整齐迅速，须保持谷堆上下、内外温度一致，必要时进行翻拌，使稻种间受热均匀。适温催芽：稻种破胸至幼芽伸长达到播种要求这一时段为催芽阶段。手播育秧催芽标准为根长达稻种的1/3，芽长为稻种的1/5～1/4，或90%的种子“破胸露白”。“湿长芽、干长根”，控制根芽长度主要是通过调节种子水分来实现，同时要及时调节谷堆温度，催芽阶段的适宜温度应保持在25～30℃，以保证根、芽协调生长，根芽粗壮。摊晾炼芽：催芽后还应摊晾炼芽。一般在谷芽催好后，置室内摊晾4～6小时，当种子水分适宜、不粘手即可播种。机械播种的种子芽不能过长，为抑制芽长，催好芽的种子可在大棚或室内常温条件下晾芽，提高芽种的抗寒性，散去芽种表面多余水分，保证播种均匀一致。晾芽时不能在阳光直射条件下进行，温度不能过高，严防种芽过长，不能晾芽过度，严防芽干。

18. 水稻机插集中浸种技术

集中浸种和集中催芽在我国北方稻区大型农垦农场较为普遍。

集中浸种时采用袋装（井底布网状袋）浸种，浸种袋不要装得太满，大半袋即可，整齐的码放在浸种箱内（距箱边10～15厘米），加入清水，没过种子15～20厘米即可。浸种温度11～12℃，时间9～10天，浸种积温100℃以上。要随时检查的浸种箱内温度变化，一旦温度超过指标，立即打开遮阳网或燕尾槽或卷帘器通风降温，或以循环水降温。集中浸种时每天要进行1～2次浸种液循环，调温增氧；如果常规浸种装置袋装浸种时，可以上下翻动浸种袋，但要轻拿轻放，不允许散放浸种。包衣的种子不能与未包衣的种子一起浸种。

19. 水稻机插集中催芽技术

集中催芽时，将浸好的种子整齐码在催芽箱内（距催芽箱边缘10～15厘米），先加入35～38℃的温水（或经过加热的浸种液），没过种子5～6厘米，待种子表面温度不再升高，将水抽出，重新加入35～38℃温水（或加热后的浸种液），当种子表面温度达到30～32℃时，抽净催芽箱内所有水分，将催芽箱上部盖好，防止顶部因温度散失过快温度过低导致出芽不齐，然后，按照芽种生产技术要点进行催芽。种子破胸时，温度上升很快，当温度超过32℃时，立即用25～26℃的清水进行降温，保证种子在25～28℃适温条件下进行催芽，时间20～24小时左右，催芽时保证种子内外、上下温度均匀一致。当种子芽长达到1.5～1.6毫米时，再注入18～20℃清水一次，以降低种子表面温度，减缓芽种生长速度，并使其接近外界温度；当种子芽长达到1.8毫米时即可出箱，种子内部的余温可使种子芽长达到2.0毫米左右。

20. 水稻机插泥浆育秧摆盘装土方法

泥浆育秧一般是先摆盘后播种。先在秧板上依次整齐平铺两排秧盘，盘与盘的飞边要重叠排放，盘底与床面紧密贴合。后将秧沟内经沉淀后的表层泥浆舀入盘内作营养土，作营养土的泥浆里不能有石头、田螺和稻茬等杂物；或制作孔径为1厘米的筛子，把筛子压入畦沟中，让泥浆溢上筛面，再把溢上筛面上的泥浆装入秧盘，厚度以2.5厘米为宜。一般沙质土壤的泥浆装盘后0.5～1.0小时即可播种，而黏性土质的泥浆装盘后要经2.0～5.0小时才能播种，否则会使种谷下沉造成焖种烂芽。

21. 泥浆育秧播后踏谷方法

水稻机插秧流水线播种在播种后有一个覆土程序，而泥浆育秧种子直接播在泥浆上，由于泥浆较软，一般不覆土，直接用抹板或扫帚（尾部有棕毛）轻压，使其种子与泥面接触即可，不可将种子压入泥浆太深，否则会造成出苗不均和部分烂种现象。如果大部分种子有半粒谷自然沉于泥浆中，就不需踏谷。一般在播种后马上踏谷，如果等待时间过长则泥浆会变硬，将不易使种子和泥浆贴合。

22. 旱地土和基质育秧水分要求

适宜的水分对机插秧旱地土和基质育秧秧苗的出苗和生长起关键作用。装盘播种前，要将底土彻底浇透，保证土壤充分吸足水分。播种覆土至出苗期，要控制床土水分，不宜过多，在床土浇足底水的前提下一般不浇水，如发现出苗顶盖现象或床土变白水分不足时，要敲落顶盖，露种处适当覆土，并用细嘴喷壶适量补水。苗至1叶1心期，这段时间耗水量较少，一般少浇水或不浇水，使床土保持旱田状态，仅在床土过干处用喷壶适量补水。此阶段要注意“三看”浇水：一看土面是否发白和根系生长状况，二看早、晚时叶尖所吐水珠大小，三看午间高温时新叶是否卷曲，如床土发白、早晚吐水珠变小或午间新叶卷曲，要在早上8:00时左右用水温在16℃以上的水适当浇水，一次浇足。1叶1心期后至3叶期采取干湿交替的水分管理措施，以床土保持半旱为宜，达到以水调气、调肥、调湿和以水护苗的目的。从机插前3～4天开始，在不使秧苗萎蔫的前提下，进一步控制秧田水分，蹲苗、根，使秧苗处于饥渴状态，以利于移栽后发根好、返青快、分蘖早。

23. 旱地土和基质育秧播后覆土厚度

为保证种子苗整齐一致，机插秧育秧除泥浆育秧直接播种后塌谷，其他育秧方式如旱地土育秧和基质育秧都需要覆土，以使种子与土壤充分接触，提高出苗率。应使用未经培肥的过筛细土作覆土，不能用拌有肥料和壮秧剂的营养土作覆土，以免影响出苗。覆土厚度一般为0.3～0.5厘米，黏性重的土壤由于易吸水板结，可适当薄一些，以盖没种子为宜；育秧基质和沙性土壤由于通透性好，可适当盖厚一些。

24. 机插育秧播种后如何防止雨水影响

机插秧播种后，为防止雨水影响及保温，早稻需用搭拱棚覆盖地膜的方法进行保温，保证膜内高温高湿，以促齐苗。一般于2叶1心期开始适时揭膜炼壮苗，揭膜通风时间、揭膜程度根据气温变化掌握。膜内适宜温度应保持在25～30℃，以防烂秧和烧苗。单季稻和连作晚稻育秧期间温度高，主要采用表面覆盖遮阳网或无纺布等措施，既能避开强光照射，又可防止床土水分蒸发过快，起到降温保湿的作用，还可防止因雷阵雨冲刷床土造成种子外露，齐苗后除去上述覆盖物。覆盖遮阳网降温保湿效果尤其好，同时还可防止鼠、雀为害。

第6章

水稻机插育秧

1. 水稻高台大棚育秧

高台大棚育秧主要在北方稻区采用。它不同于传统的秧田布局，改平地为高台，改过水为浇水，改方块排列为一条线排列，使用固定秧田采用营养土基地育秧。具体做法是在水田条田排水沟附近或能够春季提供育苗用水的地方，修筑床高距地面30厘米左右的高床，高台苗床修成后可固定不变，每年只需稍加修整即可。高台育秧苗床一般沿排水沟平行排列，秋季水田渠系落水后，做床秋耕，既可培肥苗床，又可缓和春季劳力紧张的矛盾。因高台苗床多为固定秧床，可多年旱作培肥，土壤肥沃、疏松，克服了水田苗床土质板结，地温低，土壤水分大，不易发苗，成苗率低，不易培育壮秧等缺点，实现了高标准旱育苗。水稻移栽后，可在高台上种植大豆及各种蔬菜，通过连年旱作和增施有机农肥，苗床土壤结构得到不断改善，地力逐年提高，保水保肥能力逐年加强，又为培育壮秧打下良好基础。

2. 水稻旱地大棚育秧

旱地大棚育秧是针对北方稻区和南方连作早稻生长季节气温低的特点，通过大棚保温、精选良种、床土培育、精量播种、精确施肥、病虫害防治、培育壮秧等关键技术，最终实现水稻增产的一种育秧方式。具体措施：选择适宜当地机插种植的水稻优良品种；做好床土培育工作，对床土进行调酸、消毒和施肥，调酸可用壮秧剂或固体硫酸调酸，床土的适宜 pH 为 4.5～5.5，防止立枯病等病害发生，培育壮苗；采用精量播种器播种，实现稀播壮秧。根据当地的具体情况选择大、中棚育秧，通过三膜覆盖、两侧通风等措施调节棚内温度，利用大棚起保温育秧效果，一般大棚棚宽 6.0～7.0 米、高 2.2～2.7 米、长 60 米，中棚棚宽 5.0～6.0 米、高 1.5 米、长 30～40 米，出苗后棚内温度控制在 22～25 ℃，最高不超过 28 ℃。插秧前要根据天气及棚内温度情况，多设通风口，及时炼苗。旱地大棚育秧的秧苗具有根系发达、支根和根毛多、苗矮壮、生长势旺、抗逆力强（耐旱、耐寒、耐盐碱）等特征，移栽后发根返青快、早分蘖、穗多粒多结实率高，有利于提高机插秧水稻产量潜力。

3. 水稻机插工厂化育秧

工厂化育秧是一种在环境控制或部分环境控制条件下，按照规范的操作工艺流程进行机械化或半机械化作业，最终实现规模化育秧、商品化供秧、产业化经营、社会化服务的育秧方式。其核心技术是通过专用育秧设备在育秧盘内覆土、播种、洒水，然后采用自控电加热设备进行高温快速催芽及出苗。它是集约化培育水稻壮秧的有效途径，能充分提供秧苗生长过程中所需的各种条件，成批生产出适于机械化种植的水稻秧苗，秧苗素质高，有利于水稻适时早播和抢农时、抢积温，有利于保证育秧安全可靠和水稻高产稳产，同时可节省耕地，具有省力、省工、效益高等优点。水稻工厂化育秧是实现水稻生产种子良种化、供秧商品化的有效途径，也是实现水稻生产全程机械化的关键环节。其育秧流程基本上与旱地土硬盘育秧流程相似，具体为取土碎土—过筛—配床土—种子处理—流水线安装调试—装土—洒水消毒—播种—覆盖表土—摆盘—秧苗管理—运秧机插。工厂化育秧的特点：育秧集约化程度高，有利于社会化服务；受外界气候影响小，秧苗生长容易控制；节省秧田，通过适度规模经营，或分批育秧，提高育秧空间利用，其工厂面积与大田面积比可达 1∶600～800，远高于常规机插育秧的 1∶80～100；工厂化育秧以小苗机插为主，对机插的技术要求较高。机插前一定要做好大田的平整工作，采用浅水机插。

4. 水稻双膜育秧

双膜育秧是在秧板上平铺有孔农膜，四周用木头等材料做秧床框架，再铺放 2.0～2.5 厘米厚的床土，播种覆土后加盖地膜保温保湿促齐苗的一种育秧方式。这种育秧方式因上下各有一层地膜而得名为双膜育秧。双膜育秧按用土方式可分为，双膜泥浆育秧和双膜旱地土育秧。双膜育秧投资小、成本低、操作管理方便，在各机插秧育秧技术中最为简易。具体育秧流程为：精做秧板—铺放有孔地膜—铺平底土—均匀播种—盖土（塌谷）—封膜—揭膜管理—切块移栽。其中切块移栽是双膜育秧的重要环节，在盘式育秧中机插育秧的秧块外形尺寸是以特制的长×宽为 58 厘米×28 厘米的专用硬塑盘或软盘的盘边来控制的，在双膜育秧中，则通过栽前切块来保证规定尺寸。为确保秧块尺寸满足插秧机作业要求，事先应制作切块方格模框，再用长柄刀进行重点切割，切块深度以切到底膜为宜。用自做标准切刀在秧板纵向直线走切，将整板秧切成标准秧条（宽度 28 厘米）后，再用长柄刀横向切割成标准秧块（秧块规格 58 厘米×28 厘米），然后小心卷起秧块运往移栽大田。在运秧过程中注意卷秧叠放层数不宜过多，严防秧块变形而不利于机插。

5. 水稻机插旱地土育秧

水稻机插旱地土育秧是我国目前重要的机插秧育秧方式，东北稻区的机插主要采用这种育秧方式。旱地土是指土壤肥沃、中性偏酸、无残茬、无砾石、无杂草、无污染、无病菌的壤土或耕作熟化的旱田土或秋耕、冬翻、春秒的稻田土或经过粉碎过筛、调酸、培肥、消毒等处理后的山黄泥或河泥等。旱地土育秧由于土壤结构松散，育秧时有利秧苗根系的生长，秧苗素质较好。旱地土育秧有利于实现机械化作业，可采用播种器播种和手工播种。通过流水线作业，可一次性完成秧盘装土、平土、洒水消毒、播种和覆土等工序，适合规模化育秧；但育秧用土量大，取土困难，技术要求高，需要培肥、调酸和消毒等过程，操作不当容易导致育秧出苗差。

6. 水稻机插泥浆育秧

水稻机插泥浆育秧主要在南方稻区应用，是在我国传统的田间湿润育秧与机插秧盘育秧技术结合并发展起来的，它直接用秧田泥浆育秧，与旱地土育秧相比，免除了床土采集、运输、晒土、筛土、消毒等环节，降低了育秧成本且操作简单，为大面积推广机插秧技术奠定了基础。泥浆育秧的技术特点是：育秧取土容易、操作方便，可直接在机插大田附近选择稻田育秧，直接从秧田取泥浆育秧，从而节省育秧成本，育秧风险小，但机械化作业程度较低。目前，我国在泥浆育秧的泥浆杂物过筛、播种等环节仍以手工操作为主，因此，播种的精确度和均匀性较差，开发相应机械，实现机械化作业十分必要。

7. 水稻机插基质育秧

水稻机插基质育秧是利用育秧基质代替旱地土或泥浆进行育秧的一种方法，它有效解决了机插旱地土育秧取土难等问题，同时由于基质中包含植物生长调节剂、调酸剂、消毒剂和秧苗生长所需的各种营养元素，育秧时操作简便、使用方便、适应性广、省工省时、高产高效，适合各地的水稻机插育秧使用，有利于推进我国水稻机插工厂化育秧。水稻机插基质育秧可防止秧苗立枯病等病害发生，由基质培养的秧苗植株矮壮、抗逆性强、秧苗素质好，机插后返青快、起发快、分蘖早，产量高。

8. 水稻机插隔离层育秧

隔离层水稻育秧是在旱育苗与隔离层水育苗基础上发展而来的一种育秧方法，兼有旱育苗与隔离层水育苗的双重优点，适于盐碱较重、水源充足的地方应用。水稻机插隔离层育秧，可以隔盐压草、通气增温，育出的秧苗粗壮、根系发达，具有缓苗时间短、成活率高、分蘖早的特点，而且秧本田比例高，其最大优点是秧苗素质好、起运方便、对生态环境污染轻。隔离层育秧就是在客土下面铺一层隔离物，以隔盐防碱，并加强客土脱盐淋碱能力。实验表明，稻草节含水量适宜，保温、淋盐能力强，用其做隔离物，秧苗素质较好。隔离物厚度以2厘米厚最适宜，客土厚度一般不少于2厘米。

9. 水稻机插硬盘育秧

水稻机插硬盘育秧是指用聚丙乙烯或聚乙烯（PVC）经注塑机压注加工制成的标准机插硬盘进行育秧，培育符合机插秧要求秧苗的一种育秧方法。硬盘按尺寸规格有内径宽28.0厘米的九寸盘和宽21.5厘米的七寸盘，目前我国主要采用九寸盘，可在机插行距30厘米的插秧机上使用。硬盘盘底开有直径2～3毫米的圆孔或边长为3毫米的方孔作为透水孔，透水孔的总面积占盘底面积的6%～9%，过少或过多都不利于秧苗的培育。水稻硬盘育秧由于采用标准化秧盘，培育的机插秧块大小标准化程度高，适于流水线播种，也可用于手工播种。其育秧流程具体如下：取土碎土—过筛—床土制作—盘装底土—洒水—播种—覆盖表土—摆盘—覆膜—秧苗管理—起秧机插。

10. 水稻机插软盘育秧

水稻机插软盘育秧，是指在育秧过程中用软盘代替硬盘进行机插育秧的一种方法。软盘包括 PVC 软盘和钙塑育秧盘。PVC 育秧盘采用 PVC 膜片压制或吸塑设备加工而成，膜片形成的内侧形状与硬盘相同，底面为平面。由于软盘易变形，一般不在流水线播种中使用，主要在泥浆育秧中应用。其育秧流程同泥浆育秧法，一般制作好秧板后，先在秧板施肥后摆盘，或施肥于秧沟完成泥浆制作，后装泥、播种。软盘也可衬套在硬塑盘内，在播种流水线上播种后脱盘于秧板育秧。软盘的，使用寿命较短，通常用 2～3 次，使用效果也没有硬盘好，但其价格仅为硬盘的 10％～20％，经济条件相对较差且政府补贴力度较小的地区，软盘使用较普遍。

11. 机插育秧旱地土的要求

育秧旱地土应选择土壤肥沃、中性偏酸、无残茬、无砾石、无杂草、无污染、无病菌的壤土，或耕作熟化的旱田土，或秋耕、冬翻、春耖的稻田土，或经过粉碎过筛、调酸、培肥、消毒等处理后的山黄泥或河泥等。荒草地或当季喷施过除草剂的麦田土和旱地土不宜做育秧床土。选择的床土要求含水率适宜，且土质疏松、通透性好，土壤颗粒细碎、均匀，粒径在 5 毫米以下，粒径 2～4 毫米的床土占总重量 60％以上。旱地土取土前要求进行小规模的育秧试验，观察了解土壤对出苗的影响程度，以决定是否可作育秧营养土。育秧床土一般要先培肥，培肥时尽量用复合肥，并施适量的壮秧剂，一般每盘施 5～15 克复合肥基本上能满足秧苗生长的营养所需，如果过多不仅影响种子出苗，还将导致秧苗生长过嫩和过高，不利于机插。另外，为预防立枯病，床土需要用敌克松等药剂消毒，以消灭病原菌。土壤 pH 应为4.5～6.5。

12. 温度与秧苗苗高、叶龄关系

水稻机插育秧的温度与秧苗株高、叶龄关系密切。一般而言，育秧温度越高，一定时间内水稻秧苗生长越快，株高越高，叶龄也较大，但秧苗较细，抗逆性差，不利于插秧后的返青和生长。南方稻区早稻育秧期间的日平均温度在18～22℃，一般机插育秧播后25～30天，苗高可达12～18厘米；单季稻育秧期间温度高，日平均温度超过25℃，秧苗生长快，一般播种后15～20天苗高就达到12～18厘米，叶龄在2.5～3.5；连作晚稻一般7月上中旬开始育秧，期间温度更高，播种后12～15天苗高就能达到12～18厘米，叶龄在2.0～3.0。北方稻区育秧时间一般在4月初至5月初，育秧期间平均温度在11～15℃，播种后30～35天秧苗株高达到12～16厘米，叶龄在3.0～4.0。

13. 育秧保温方法

保持育秧期间温度适宜是培育壮秧的关键。北方稻区气温低、水稻生育期长，需要提早育苗，机插秧育秧多采用育秧棚进行保温。育秧棚有开闭式钢管大棚、中棚和开闭式小棚、拱形小棚等几种规格。开闭式钢管大棚和中棚空气容量大、昼夜温差小、操作方便，已在北方大量采用。现在，北方稻区大棚育秧主要为三膜育秧，即种子播种后，大棚内加盖一层地膜，外加小拱棚保温，出苗后及时揭去地膜，等秧苗生长到一定程度及大棚内温度增加时，再揭去小拱棚内的薄膜。南方稻区主要在早稻育秧上要采取保温措施，在秧盘上秧板后，搭拱棚覆盖地膜进行保温，保证膜内高温高湿，以促齐苗。一般于2叶1心期开始适时揭膜炼壮苗，揭膜通风时间、揭膜程度根据气温变化掌握。膜内适宜温度应保持在25～30℃，以防烂秧和烧苗。

14. 育秧期间温度要求

育秧温度越高，秧苗生长越快，但当温度超过35℃，秧苗的生长速度过快，将导致秧苗素质下降，且易引起高湿（相对湿度大于 85%），从而引发稻叶瘟的发生，故大棚内的温度应控制在35 ℃以下、相对湿度控制在 85%以下。水稻大棚育秧期间的温度要求：立苗期、保温保湿、快出芽、出齐苗，一般温度控制在 30 ℃，超过 35 ℃时揭膜降温；当秧苗出土 2 厘米左右，及时揭膜炼苗，棚温控制在 22～25 ℃，尽可能保持苗床旱田状态；秧苗离乳期，严控温度和水分，促根系健壮，防茎叶徒长；2 叶期温度控制在 22～24 ℃，最高不超过 25 ℃；3 叶期温度控制在 20～22 ℃，最高不超过 25 ℃，超过 25 ℃时要在裙布上侧增加通风口，增大通风量。如遇连续低温天气，在低温过后晴天时，要提早开口通风，并浇喷 pH 为 4.5 的酸水，防止出现立枯病。2 叶期温度 2.5 叶后根据温度情况，转入昼揭夜盖，最低气温高于 7 ℃时可昼夜通风。

15. 育秧期间水分管理

机插育秧播种至出苗期要保持土壤湿润，使出苗整齐。出苗后主要采取间歇灌溉的方式，以湿为主、干湿交替，达到以水调气、调肥、调湿和护苗目的，对防止青枯死苗的效果也较好。揭膜时灌平沟水，自然落干后再上水，如此反复。晴天中午若秧苗出现卷叶要灌薄水护苗，雨天放干畦沟水；遇到较强冷空气侵袭，要灌拦腰水护苗，回暖后待气温稳定再换水保苗，防止低温伤根和温差变化过大而造成烂秧和死苗；气温正常后及时排水透气，提高秧苗根系活力。移栽前 3～5 天控水炼苗，以干为主，晴天半沟水、雨天放干畦沟水，保持盘土不发白、不出现裂缝。在起秧栽插前，若遇雨天要盖膜遮雨，防止盘土含水过高，影响起秧栽插质量。

16. 育秧期间施肥方法

机插秧采用中小苗移栽，育秧床土需进行培肥、消毒和调酸，播种后一般不需要再施肥。但采用大苗机插，秧苗叶龄超过 3.0 叶的，要注意看苗施“断奶”肥，可施可不施的尽量不施；如果一定要施，先上水进秧盘，后用尿素加水泼浇或洒水壶喷洒，于傍晚进行，施肥后用清水冲洗，以防肥害伤苗。移栽前3～5天视秧苗长势适施“送嫁”肥：秧苗叶色褪淡，每公顷秧苗用尿素 60.0～67.5 千克对水 7 500 千克，于傍晚洒施，施后洒清水洗苗以防肥害伤苗；叶挺拔而不下披，每公顷秧苗用尿素 15.0～22.5 千克对水1 500～2 250千克进行根外喷施；秧苗叶色浓绿且叶片下披可免施，只用控水措施来提高秧苗素质。

17. 机插秧控制苗高方法

多效唑对水稻生长有明显的“控长促蘖”作用，并兼有抑制杂草、促进矮化壮秧、早发增穗、增强抗性等作用。连作早稻机插秧一般要求秧龄 25～30 天、叶龄 3.5～4.5 叶、苗高 12～18 厘米，可在秧苗 1 叶 1 心期喷施 200 毫克/千克的多效唑，以培育壮苗。单季稻和连作晚稻机插秧一般要求秧龄一般在 12～20 天、苗高 12～20厘米，最高不能超过 25 厘米，因此，除了通过合理的肥水调控外，还需要喷施多效唑等控制苗高，以延长秧苗弹性，实现提早播种，一般在秧苗见绿时喷施浓度为 300 毫克/千克的多效唑来控制秧苗高度，促进壮秧。多效唑可根据秧苗生长的快慢多次喷施。

18. 早稻育秧揭膜与炼苗

早稻育秧需搭拱棚覆盖地膜进行保温，保证膜内高温高湿，以促齐苗。膜内适宜温度应保持在 25～30 ℃，以防烂秧和烧苗。一般在秧苗出土 2 厘米左右时即应揭膜炼苗。揭膜通风时间根据气温变化灵活掌握。揭膜原则：由部分到全部逐渐揭；晴天揭，阴天盖；白天揭，晚上盖；高温揭，低温盖。当日平均气温低于 12 ℃时不应揭膜。1 叶期控温控湿，膜内温度超过 25 ℃应揭开膜的两头进行通风降温。2 叶期通风炼苗防徒长，晴天、白天将膜全部打

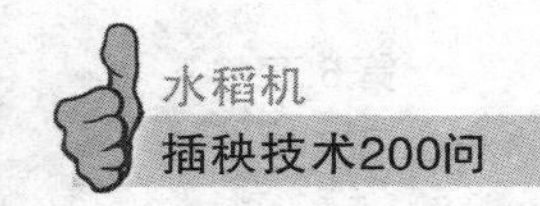

开，傍晚将膜盖好；阴天中午揭开，雨天膜两头揭开通气；大风少炼，久雨初晴缓炼，弱苗少炼、缓炼，壮苗多炼。3 叶期炼苗控长，应注意保温防寒，除阴雨天外，实行日揭夜盖的方法，当最低气温稳定在 15 ℃时可将膜全部揭开，但不要收膜和拆棚，遇到雨天还应重新盖膜。

19. 秧苗机插前控水炼苗

为保证机插效果，机插前需要注意做好秧苗控水炼苗，具体措施为：机插前 3 天左右开始控水炼苗，以增强秧苗抗逆能力。晴天半沟水，阴雨天排干水，使盘土含水量适合机插要求。倒春寒发生时灌深水保温护苗，转晴回暖后逐步排水防青枯死苗。起秧栽插前若遇雨天要盖膜遮雨，防止盘土含水过高，有利于起秧机插。起秧时，先慢慢拉断穿过盘底渗水孔的少量根系，连盘带秧一并提起，再平放，然后小心卷苗脱盘。秧苗运至田头后应随即卸下平放，使秧苗自然舒展，并做到随起随运随插。

20. 秧苗如何带药机插

机插秧本比高，育秧与大田面积比可达 1∶100，同时由于我国多采用中小苗机插技术，机插秧苗小且个体较嫩，易遭受螟虫、稻蓟马及栽后稻象甲的危害。因此机插前要进行一次药剂防治工作，使秧苗做到带药机插，可起到较好的病虫防治效果。具体做法是：在机插前 1～2 天每公顷用 37.5％快杀灵乳油 30～35 毫升对水 40～60 千克进行喷雾，在稻条纹叶枯病发生区，每公顷还应该加 10％吡虫啉乳油 225 毫升，以控制灰飞虱的带毒传播危害。

21. 水稻机插壮秧指标

壮秧是水稻机插秧成功的关键，是机插秧高产的保证。由于不同地区和季节水稻育秧期间环境差异较大，水稻机插秧苗生长存在一定差异，根据不同稻区、季节水稻生产实际，提出水稻机插秧壮秧指标，见表6-1。

表6-1　不同稻区、季节水稻机插秧壮秧指标

项　目	南方稻区			东北单季粳稻
	早稻	单季稻	晚稻	
秧龄（天）	25～30	15～20	15～20	30～35
株高（厘米）	13～16	14～18	14～20	12～15
叶龄（叶）	3.0～4.0	3.0～3.5	3.5～4.5	3.0～3.5
第一叶鞘高（厘米）	3.0	3.0	3.0	3.0
第一叶长（厘米）	3.0	3.5	3.5	2.0
第二叶鞘高（厘米）	4.0	4.0	4.0	4.0
第二叶长（厘米）	7.0	7.0	7.5	5.0
第三叶鞘高（厘米）	5.5	6.0	6.0	5.0
第三叶长（厘米）	8.5	9.0	9.5	8.0
地上部重（毫克/株）	35～40	35～40	35～45	30～35
根系（毫克/株）	11.0～13.0	10.0～14.0	10.0～14.0	11.0～13.0

第7章

水稻机插种植

1. 水稻机插秧整田

机插秧采用中小苗移栽，对大田质量要求较高。一般旋耕深度15～20厘米，犁耕深度12～15厘米，不重不漏，田块平整无残茬，高低差不超过3厘米。泥浆沉实达到泥水分清，泥浆深度5～8厘米，水深1～3厘米。田面要求基本无杂草、杂物、浅茬等残留物。耕整后大田表层稍有泥浆，下部土块细碎，表土软硬度适中。水田的泥脚深度应小于20厘米，以保证插秧机有较好的水田通过性。插秧时插秧机对水层的深度也有一定要求，由于适合机插的秧苗苗高一般为12～18厘米，插秧的深度为1.5～2.0厘米，如果水层太深易导致漂秧，因此，水田水层深度应控制在1～2厘米才能达到较好的插秧效果。

2. 水稻整田后机插前泥浆沉实

机插秧为中小苗移栽，秧苗只有12～18厘米，若不等泥浆沉实，极易造成栽插过深（泥浆沉淀掩埋、插秧机浮舟壅泥塌陷填埋）或漂秧，倒秧率增加。泥浆沉实时间的长短，根据稻田土质及泥水糊度而定，一般沙质土需沉实1天左右、壤土沉实2～3天、黏土沉实4天左右。若田脚较烂，泥水较糊，沉实时间需更长些，东北稻区泥浆沉实时间需要7天左右时间。泥浆沉实要求是泥水分清，沉实不板结，这样才能达到较好的插秧效果。

3. 早稻机插秧盘数量

机插所需秧盘数量与水稻种植密度、每盘取秧量密切相关。目前我国常用是九寸插秧机，机插行距固定为30厘米，栽插密度主要通过调整株距来实现，株距调整范围一般在12～22厘米。秧盘数＝机插密度/每盘机插取秧量＋备用秧盘数。早稻由于生育秧短，有效穗数不足是限制其产量提高的主要因素，因此主要通过增加种植密度来保障有效穗数。早稻以常规稻种植为主，一般机插株距是12厘米，每公顷插27.75万丛，如果按每秧盘机插取秧量650丛计，每公顷机插所需秧盘需要450盘左右；如果播种量大，每盘取秧量增加到800丛，则需要秧盘375盘左右。另外，育秧时每公顷还需多育45～75盘秧备用。

4. 单季稻机插秧盘数量

由于单季杂交稻生育期长，一般每公顷机插需要15.0万～21.0万丛，株距16～21厘米；单季常规稻分蘖力相对弱一点，一般每公顷插24.0万～27.0万丛，株距12～14厘米。如果每秧盘机插取秧量650丛，备用盘75盘，则每公顷单季杂交稻机插需300～375盘秧苗，单季常规稻需要450～495盘秧苗。

5. 连作晚稻机插秧盘数量

连作晚稻与早稻一样，由于生育秧短，有效穗数不足是限制其产量提高的主要因素，因此需通过增加种植密度来保障有效穗数。连作晚稻有杂交稻，也有常规稻。杂交晚稻种植密度一般为18.0万～21.0万丛/公顷，株距16～18厘米；常规稻种植密度27.75万丛/公顷以上，株距12厘米。如果按每秧盘机插取秧量650丛，备用盘45～75盘，杂交晚稻每公顷机插需要360～420盘秧苗，常规晚稻每公顷机插需要 525 盘秧苗。

6. 水稻毯苗机插技术

机插秧是我国现代稻作的主要发展方向，目前我国应用的机插技术主要是水稻毯状秧苗机插秧，即通过育秧盘培育毯状秧苗、用插秧机代替人工栽插秧苗，其核心技术由日本和韩国引进。主要内容包括适宜机插秧秧苗培育、插秧机操作使用、大田管理等。采用该技术可明显减轻水稻种植劳动强度，实现水稻生产节本增效、高产稳产。但由于我国水稻品种、栽培季节与日本、韩国的不同，引进的水稻毯状秧苗机插秧技术并不能很好发挥我国水稻品种产量潜力。毯苗机插秧技术还存在播种量大、秧苗素质差、秧龄弹性小、低播量成毯性差、伤秧伤根严重、漏秧率较高、每丛苗数不均匀及返青慢等问题，在我国杂交稻和连作晚稻上应用还需进行技术改进和完善。

7. 水稻钵苗摆栽技术

水稻钵苗摆栽技术主要是针对传统机插秧存在的问题，通过钵苗培育，用摆栽机按钵精确取秧摆栽的一项技术。它具有秧苗根部营养面积大，移栽营养块不散，分苗不伤根，栽后行直苗正，群体分布合理，返青快，分蘖早，能充分利用低位节分蘖，有效分蘖多，从而增加穗粒数和千粒重，提高结实率，抗旱增产等特点。水稻钵苗摆栽技术最早由日本引进，目前主要在北方寒地稻区应用，利用钵盘旱育苗，培育适龄带蘖壮秧，适期摆栽，即秧龄 30～35 天，3 叶 1 心或 4 叶 1 心带蘖，秧苗高 12～15 厘米，于 5 月 20～30日适期摆栽，采用“浅—湿—干”间歇交替节水灌水技术，具有水稻移秧后不缓苗，提早成熟 3～5 天，提高稻米品质，比传统机插平均增产 5%～15%等优点。但该技术需要专门的摆栽机械和育秧盘，价格高；移栽时通过摆栽机从盘后将秧苗捅出，育秧难度大。因此，增产效果虽然显著，但目前在我国应用面积较少。

8. 水稻钵形毯状秧苗机插技术

水稻钵形毯状秧苗机插技术是中国水稻研究所针对传统毯状秧苗机插存在的问题，研发的具有自主知识产权，适于我国水稻品种和季节特点的新型水稻机插技术，属国内外首创，目前已申请相关发明和实用新型专利10多项。该技术通过研发适合水稻机插的钵形毯状育秧盘，培育适于机插的下钵上毯秧苗，结合钵形秧苗和毯状秧苗优势，可利用普通插秧机实现钵苗机插；培育的秧苗根系大多数盘结在钵中，插秧机按钵苗精确取秧，实现根系带土插秧，伤秧和伤根率低，解决了传统毯状秧苗依靠水稻根系纵横交错成毯，机插时伤秧伤根严重的问题，特别不损伤水稻秧苗种子根，机插后秧苗返青快、发根和分蘖早，有利于实现高产；同时按钵苗定量取秧，取秧更准确，机插漏秧率降低，机插苗丛间均匀一致，有利于高产群体形成，实现高产高效。目前，水稻钵形毯状秧苗机插技术已在我国黑龙江、吉林、宁夏、浙江等20多个省、自治区、直辖市应用2013年应用面积可超过2 000万亩。

9. 水稻机插行距选择

我国插秧机按机插行距大小分为9寸机、8寸机和7寸机。目前我国多数插秧机为9寸机，行距为30厘米，株距一般为12～22厘米，理论栽插密度15.00万～27.75万丛/公顷，适宜在杂交稻和单季常规稻上应用。但一些分蘖力弱的常规稻品种和双季稻需要通过增加种植密度来增加有效穗获取高产，9寸插秧机无法满足其要求。8寸机和7寸机将机插秧行距变窄，可达25.0厘米和21.5厘米，在株距同样为12～22厘米的条件下可显著提高机插密度，确保机插技术在双季稻和常规稻中应用亦能达到高产。

10. 机插秧龄、叶龄与苗高要求

水稻机插秧的秧龄、叶龄和苗高密切相关。一般随着机插秧秧龄增加，即育秧时间长，秧苗的叶龄增加，秧苗高度增加。目前我国水稻机插秧多采用中小苗移栽，一般叶龄为2.5～3.5叶，苗高为12～18厘米。但不同稻区、不同季节育秧温度不同，要达到适宜机插的秧苗标准秧龄会有差异，如东北建三江稻区，秧苗叶龄达3.0～3.5叶、苗高达12～15厘米，所需育秧时间为30～35天，而南方双季早稻只需25～30天；单季稻育秧时温度高，育秧时间15～20天秧苗叶龄就可达3.5叶，苗高达到12～18厘米；连作晚稻达到相同叶龄和苗高育秧所需时间甚至更短。

11. 早稻机插壮秧要求

机插秧使用是以营养土为载体的标准化秧苗（简称“秧块”），秧块标准宽度在27.5～28.0厘米，四角垂直方正，不缺边缺角。每平方厘米秧块上常规稻需成苗2.0～3.0株、杂交稻成苗1.0～1.5株，且苗齐苗匀，根部盘结，提起不散，可整体放入秧箱内，才不会造成卡滞、脱空或漏插。同时，还需满足各类型水稻品种的壮秧要求。秧龄25～30天，叶龄3.0～4.0叶，苗高12～18厘米，秧苗均匀整齐，茎基粗扁，叶片富有弹性，青秀无病，无黑根枯叶。移栽后发根力、抗逆性强，能够早扎根立苗，早活早发。

12. 单季稻机插壮秧要求

北方稻区机插秧苗分为小苗、中苗和大苗，小苗叶龄一般为2.1～2.5叶、秧龄20～25天；大苗叶龄一般为4.1～4.5叶、秧龄35～40天；中苗叶龄一般为3.1～3.5叶、秧龄30～35天，苗高在12～16厘米左右。小苗虽适合机插，但本田生育期长，容易延迟抽穗期，目前北方已较少在机插上用；大苗主要用于手插秧和抛秧；目前北方机插秧上用得较多的是中苗南方单季稻一般叶龄3.0～4.0叶，秧龄15～20天，适宜苗高12～18厘米，同时要求根系发达、茎部粗壮、叶挺色绿、生长均匀整齐，植株青秀无病虫害，根白而粗，百株干质量2.0克以上。

13. 连作晚稻机插壮秧要求

南方晚稻机插秧生育期紧张，育秧时间一般在7月初至7月中旬，由于育秧期间温度高，秧苗生长快，10～15天秧苗株高即可达到12～18厘米，满足插秧机机插要求，但此时早稻还没有收获，无法机插。为满足机插秧秧龄弹性及生育期的要求，南方晚稻机插秧苗高需要适当放宽，同时还要通过喷施多效唑等生长调节剂控制苗高，延长秧龄弹性。晚稻机插秧壮秧标准：秧龄15～25天，苗高12～22厘米，尽量不超过25厘米，秧苗生长均匀整齐，叶片富有弹性，茎基粗扁，青秀无病，移栽后发根力、抗逆性强，能够早扎根立苗，早活早发。

14. 早稻机插密度与基本苗数

我国插秧机行距一般固定为30厘米，栽插密度主要通过调整株距来实现。早稻机插株距一般为12～14厘米，每公顷插23.7万～27.75万丛。我国早稻多为常规稻，播种量干种子在120～150克/盘，播种量根据品种的发芽成苗率、分蘖能力等适当调节，发芽成苗好、分蘖能力强的品种播种量为120克/盘，成苗差且分蘖力穗型小的品种播种量为150克/盘。一般品种千粒重25克左右、成苗率50%～60%，这样每盘秧苗在2 400～3 600株，按每盘取秧650次，每丛苗数约为3.7～5.5株，每公顷落田苗数为82.5万～153.0万丛。

15. 单季稻机插密度与基本苗数

单季常规稻种植规格同早稻类似，机插株距一般为12～14厘米，每公顷插23.7万～27.75万丛，播种量干种子在100～120克/盘，一般品种千粒重25克、成苗率50%～60%，这样每盘秧苗数在2 000～2 800株，按每盘取秧650次，每丛苗数约为3.0～4.3株，每公顷落田苗数为70.5万～120.0万；单季杂交常规稻一般机插株距为16～21厘米，每公顷插15.0万～19.5万丛，播种量干种子在80～100克/盘，一般品种千粒重25克、成苗率50%～60%，这样每盘秧苗数在1 600～2 400株，按每盘取秧650次、每丛苗数约为2.5～3.7株，每公顷落田苗数为37.5万～72.0万苗。

16. 连作晚稻机插密度与基本苗数

我国种植的连作晚稻有杂交稻，也有常规稻。杂交晚稻机插密度一般每公顷18.0万～21.0万丛，株距16～18厘米，播种量80～100克/盘，按品种千粒重25克、成苗率50%～60%，每盘秧苗数在1 600～2 400株，按每盘取秧650次、每丛苗数为2.5～3.7株，每公顷落田苗数为45.0万～78.0万苗。常规晚稻种植密度需要每公顷插27.75万丛以上，机插株距一般为12厘米，常规晚稻播种量120～150克/盘，按品种千粒重25克，成苗率50%～60%，每盘秧苗在2 400～3 600株，按每盘取秧650次，每丛苗数约为3.7～5.5株，每公顷落田苗数为102.0万～153.0万苗。

17. 机插每丛苗株数的决定因素

正确计算并调节每亩栽插穴数和每穴株数就可以保证大田适宜的基本苗数。在实际生产作业中，一般是事先确定株行距，再通过调节秧爪的取秧量即每穴株数，可满足农艺对基本苗的要求。影响机插每穴株数的因素主要有播种量、播种均匀度、种子成苗数及机插取秧量等。播种量和播种均匀度主要由播种时确定，播种量大，成苗率高，则每盘秧苗数多，在相同取秧量下则每丛株数就多。播种均匀，则保证单位面积内秧苗数一致，机插每丛苗数也均匀，漏秧率低。每丛株数还与机插取秧量有关，插秧机可横向及纵向调节取秧量，目前高速插秧机的横向取秧量调节多数为 18 次、20 次和 24 次，相应横向取秧量分别为 15.5 毫米、14.0 毫米和 11.7 毫米；手扶插秧机横向取秧量调节次数多为 20 次、24 次和 26 次，纵向取秧次数有 10 个档位。机插时通过调节纵向和横向取秧次数可以确定每盘秧机插次数，从而决定机插的每丛苗数。

18. 机插播种量和盘苗数对丛苗数的影响

秧播种量和出苗率直接关系到每盘秧苗数、机插每丛苗数和基本苗数。播种量稀，则机插苗数少，影响穗数；播种量过大，容易引起群体过大，影响穗型。适当减少播种量能够提高秧苗素质和秧龄弹性，单位面积播种量越低，则秧苗素质越高。杂交稻机插育秧应该在稀播前提下，提高秧苗素质，机插时相应选择大的取秧块，从而减少机插伤秧和漏穴，秧苗站立度好，不易漂、倒，插后返青快。

19. 机插每盘取秧次数与每丛苗数

在播种量确定时，机插秧的每盘取秧次数与每丛苗数关系密切，取秧次数主要通过调节插秧机的横向及纵向一般调节取秧量来确定，目前横向取秧次数高速插秧机多数为 18 次、20 次和 24 次，其中久保田有 16 次、20 次和 24 次；手扶插秧机横向取秧次数多为 20 次、24 次和 26 次。插秧机纵向取秧次数有 10 个档位，调节手柄位置每调整一档，就改变取苗量 1 毫米。取秧次数调节一般先固定横向送秧的档位位置后，再用手柄改变调整纵向取秧量，以保证机插后每穴合理的秧苗数。

20. 机插每穴株数调节

插秧机是通过调节纵向取秧量及横向送秧量来调节秧针取秧面积，从而改变每穴株数。如手扶式插秧机的纵向取秧量调节范围在8～17毫米，共10个档位，每调整一档变化1毫米，手柄向左调取秧量增多，向右调取秧量减少。“标准”位置时取苗量为11毫米，需要用取苗卡规来调整。横向送秧调节装置设在插植部支架的圆盘上，标有“26、24、20”三个位置，分别表示秧箱移动10.8毫米、11.7毫米和14.0毫米。横向与纵向的匹配调整可形成30种不同规格的小秧块面积，最小取秧面积为0.86厘米^2，最大为2.38厘米^2。一般情况下先固定横向送秧的档位，后用手柄改变纵向取秧量。根据这一原理，就可以针对秧苗密度调整取秧量，以保证每穴合理的苗数。

21. 水稻机插适宜深度

秧苗机插深度将直接影响到秧苗移栽至大田的成活率和分蘖数，以及每株有效穗数，从而影响最终产量。秧苗机插过深，则秧苗底部前几个节位入泥，导致秧苗不易发生分蘖；机插过浅，则秧苗易漂秧和翻秧，造成漏秧，影响机插质量和水稻产量。机插秧苗叶鞘高一般为1.5～3.0厘米，早稻育秧温度低叶鞘低，晚稻秧苗生长快叶鞘高，因此，机插秧的适宜深度应该是使秧苗的第一节位露在泥表外，从而不影响第一个节位的分蘖，早稻宜浅，尽量不深于2.0厘米，晚稻可适当深一些。但根据生产实践和调查，目前我国水稻插秧机即便调整在最浅档位机插，秧苗深度一般也达到3.0～4.0厘米。因此，机插时需要将插秧机档位调至最浅档。

22. 缩短机插秧苗返青时间的方法

机插秧的秧苗返青期一般要比手插秧和抛秧长3～5天，有的甚至长5～7天。主要原因是机插秧播种量大，秧苗素质差和抗逆性弱，机插时根系拉伤重。为提高秧苗机插后返青速度，减少缓苗期，可采取以下措施：选择合适机插技术，如水稻钵形毯状秧苗机插，能减少机插伤秧伤根，提早返青；稀播壮秧，提高机插秧苗素质，增强秧苗抗逆能力。适龄秧苗机插，机插前3～4天根据秧苗的长势情况，施好“送嫁”肥，给机插秧苗储存养分，使其插后有较强发根能力，缩短秧苗返青时间。带药机插，机插前要对秧苗喷施一次药剂，提高秧苗防病虫害能力，缩短秧苗返青时间。坚持浅插，一般插深不超过2.0厘米，早稻浅插后田间表面温度高，可促进秧苗根系生长发育。薄水灌溉，针对机插秧秧龄短、个体小、生长弱等特点，坚持薄水灌溉，浅水活苗。科学施肥，通过分次施肥，少吃多餐，创造有利于秧苗早返青环境，培育足够壮株，为秧苗早返青打下基础。

第8章

水稻机插秧肥水管理

1. 水稻机插灌溉技术

水稻机插秧水分管理采用“三水三湿一干”的好气灌溉。具体为：①移栽期：寸水插秧。即旱耕水平，插秧前灌水1寸左右，自然露干，便于返青、活棵；②返青后：寸水施肥，除草打药。在移栽后5～7天早施分蘖肥和除草剂，一般灌水1寸左右，能提高土温水温，促进土壤养分分解，分蘖节处的光照和氧气充足，能促进分蘖的发生和生长；③分蘖期：湿润灌溉分蘖。指分蘖期要以湿润灌溉为主，提高根际氧化还原电位和氧化力，促进水稻养分吸收和分蘖早发，大分蘖、基部分蘖增加；④搁田期：当苗数达到穗数苗数80%时开始轻搁田，多次搁田，最高蘖数控制在穗数苗的1.3～1.4倍，防止苗峰过大，穗型变小及倒伏；⑤穗分化期：搁田结束，开始复水，水分管理采用湿润管理；⑥孕穗开花期：寸水孕穗开花。这个时期是水稻需水临界期，田间要保持1寸左右水层；⑦灌浆结实期：以湿润灌溉为主。当脚踩到田里1寸左右深，灌一次浅水，让其自然落干后再灌上浅水，一干一湿到黄熟。

2. 机插秧搁田时间

搁田时间要把握“时不等苗，苗不等时”的要求。水稻一般是在群体苗数达到目标穗数的80%左右时开始断水搁田，水稻通常处在无效分蘖期到穗分化初期这段时间，一般从有效分蘖临界叶龄期前一个叶龄开始至倒3叶期结束，操作中因品种类型而异，在有效叶龄期前茎蘖数达到适宜穗数要适当重搁早搁田，如果稻田群体生长比较弱，可适当推迟搁田和轻搁。在倒3叶末期搁田结束，进入倒2叶期田间必须复水，不然，会因搁田造成干旱影响穗发育，导致穗粒数较少。

3. 机插秧搁田方法与标准

搁田的方法是开沟排水，在机插时要留好田边四周的围沟和纵横丰产沟，搁田前人工开沟，现在可用中国水稻研究所研发的轻便稻田开沟机开沟，提高开沟作业效率。搁田程度还要看田、看苗、看天而定。稻田透水性良好的稻田要轻搁，而黏土、低洼稻田需重搁；阴雨天气、苗数较多、苗势较好的田块要适度重搁田，苗数较少、长势较差的要轻搁。

4. 水稻营养元素的需要量

氮、磷、钾是水稻需要量较大而土壤又比较缺乏的营养元素，水稻机插秧每生产100千克稻谷，约需吸收氮1.6～1.9千克、磷(P_2O_5)0.8～1.3千克、钾（K_2O)1.8～2.4千克，三者的比例约为1∶0.5∶1.2；另外，钙、镁、硫和硅也是水稻生长所需要的营养元素，需要量不大，但不可缺少，要根据土壤养分状况、水稻品种类型确定施用量；铁、锰、铜、锌、硼属于微量元素，需要量极少。

5. 机插水稻施肥技术

水稻机插秧实行精确施肥，定量控苗。原则上，控制氮肥用量，增加磷钾肥用量，适当提高穗肥用氮比例。一般南方单季杂交籼稻每公顷施纯氮180千克，基肥、分蘖肥和穗肥比例分别为50%、30%和20%，粳稻氮肥用量可适当增加到每公顷240千克，并增加穗肥施用比例，达30%～40%；双季稻要注意多施分蘖肥，以保证有效穗数。施肥结合水稻品种不同生长期植株的生长状况和气候状况适当调节。

6. 水稻施肥的次数和名称

水稻一生一般施肥三次，分别是基肥、分蘖肥和穗肥。基肥一般施用复合肥或尿素加过磷酸钙、氯化钾为宜，分蘖肥一般施用尿素，穗肥一般施用复合肥或尿素加氯化钾。总施肥量：一般每公顷施纯氮 180～240 千克，过磷酸钙 375～450 千克，氯化钾 150～225 千克。氮肥基肥∶蘖肥∶穗肥为 5∶3∶2，磷肥全部作基肥，钾肥基肥和穗肥各 50%。

7. 机插秧基肥的施用时间和作用

基肥在移栽前 1 天施用，每公顷施 600～675 千克复合肥或 195～255 千克尿素、450 千克过磷酸钙、75.0～112.5 千克氯化钾。基肥的作用是增加土壤有机质含量，提高土壤养分供应水平，满足水稻插秧后对各种营养元素的需要，促进水稻早生快发，调节整个生育过程的养分供应。

8. 机插秧分蘖肥的施用时间和作用

分蘖肥在栽后 5～7 天结合除草剂施下，一般籼稻每公顷施尿素 75 千克、粳稻亩施尿素 75.0～112.5 千克。小苗机插秧分蘖肥可分二次施用。分蘖肥的作用是促进水稻早分蘖、多分蘖，降低分蘖节位，为提高有效穗数创造条件。

9. 机插秧穗肥的施用时间、作用及方法

水稻穗肥一般在倒 2～4 叶期间施，大多在倒 3 叶时可以一次施

用，也可分二次施用。穗肥施用的适宜时期是在群体高峰苗已过，群体叶色明显褪淡显“黄”。在生产上，根据品种分蘖特性、土壤肥力，适当降低基肥和分蘖肥量，合理增施穗肥。穗肥的作用是促进颖花分化、促进大穗、提高结实率和千粒重，并具有养根保叶、防止后期早衰和倒伏的效应。由于自然条件与栽培条件多变，水稻生产上拔节长穗期苗情各异，穗肥施用时间与数量也是不一致的，一定要因地、因种、因苗合理施用。可根据稳长型、不足型和旺长型三种水稻苗情确定相应穗肥施用方法。稳长型：即高峰苗数控制在适宜穗数的1.3～1.4倍，叶色于无效分蘖期落黄，株型紧凑，叶姿挺拔，群体内光照条件良好，预计封行期在孕穗期正常到达。这类田块促花肥与保花肥分别于倒4叶和倒2叶期施用。穗肥用量一般粳型占一生总施氮量的45%，籼型为40%，其中粳稻偏重于促花肥，而籼稻偏重于保花肥。不足型：即稻田群体茎蘖数不足，群体叶色落黄早。这类田块宜在倒4叶初开始到孕穗期分2～3次施肥，早施、重施穗肥。穗肥用量占总施氮量的50%或更多。旺长型：中期群体大，茎蘖数过多，植株松散，叶片长披，叶色深绿而迟迟不褪淡落黄。这类田块一般待群体叶色明显落黄后，于倒2叶或倒1叶期因苗施用保花肥为好；若剑叶抽出期群体叶色仍未明显褪淡落黄，则穗肥不必施用。

10. 机插秧粒肥的施用时间和作用

粒肥用应在抽穗10天内施，即始穗至齐穗期间施用。对叶色黄、植株含氮量偏低、土壤肥力后劲不足的稻田，应酌情施用粒肥。粒肥的主要作用是保持叶片适宜的氮素水平和较高的光合速率，防止根、叶早衰，使籽粒充实饱满。如果植株没有明显的缺肥现象，却盲目施用粒肥，会造成氮素浓度过高，增加碳水化合物的消耗，导致贪青晚熟，空秕粒增加，千粒重降低，而且容易发生病虫害。有些地区在抽穗后喷施肥料和植物生长调节剂，实际上也是起到粒肥的作用。

11. 机插秧叶面肥的施用时间和作用

叶面施肥的主要作用是弥补土壤施肥不足、防止植株早衰、促进作物营养平衡。正确使用叶面肥，可以增加作物产量、改善作物品质和增强作物抗逆性。

叶面肥多种多样，根据水稻各时期所需营养进行喷施，其中以喷施磷酸二氢钾最为常见。磷酸二氢钾于水稻齐穗期前后喷施，连续喷2～3遍、每次间隔10天，一般每公顷用量2.25～3.00千克加水750千克。适宜喷施时间是在下午叶面没露水时，用喷雾状喷头均匀喷洒，切忌浓度过大烧叶。同时，在喷施磷酸二氢钾时，可根据苗情有选择地添加适量尿素（喷施浓度1%左右），以补氮素肥料不足，其效果更好。

第9章 水稻机插秧高产栽培

1. 降低水稻机插漏秧率技术

机插秧由于用机械代替人工栽插，以及育秧中播种不均匀和出苗差异等原因，漏秧现象普遍存在。虽然漏秧后周围植株生长空间变大，通风透光性，有利于竞争到相对多养分，分蘖能力增强，有效穗数增加，对群体有一定的补偿作用，但漏秧对机插水稻产量的不良影响仍不能忽视，研究表明，漏秧率在 5%以下对水稻产量影响较小，漏秧率超过 10%时，多数品种需要补秧。目前，生产上主要通过增加播种量、提高播种均匀性和出苗率，以及增大机插取秧量等方法来减少漏秧发生。首先，在种子发芽率正常的情况下，保证机插秧播种量在 70 克/盘以上；同时，通过机械实现均匀播种，并加强出苗期水分和温度管理，确保出全苗，并使单位面积内秧苗数均匀。另外，机插时通过调节取秧档位增加取秧量和取秧范围，确保每次取秧时都有苗，从而降低机插漏秧率，实现机插高产。

2. 提高水稻机插每丛苗数均匀性方法

与手工插秧相比，机插秧除了漏秧现象普遍外，还存在每丛苗数不整齐、群体调控难等问题。目前，提高每丛苗数均匀性主要通过选种、均匀播种和提高种子成苗率等方法实现。首先，播种前做好水稻种子选种工作，提高种子饱满度和发芽率；其次，在确定适宜的播种量后，通过精量播种机械或人工均匀播种，确保单位面积内种子数基本一致，提高播种均匀性；最后，加强播后种子出苗和秧苗管理工作，在出苗期，温度尽可能控制在20～25℃范围，土壤水分保持湿润，提高种子出苗数和整齐度，出苗后要防止高温烧苗、干旱死苗和减少病虫对秧苗危害。

3. 促进水稻机插秧早发技术

促进水稻机插秧早发措施主要包括：①培育壮秧，通过降低播种量和均匀播种，加强肥水管理、使用育秧基质、喷施生长调节剂如多效唑等措施培育壮秧，提高机插秧苗素质，增强抗逆性；②采用水稻钵形毯状秧苗机插技术，培育上毯下钵机插秧苗，按钵精确定量取秧，实现钵苗机插，降低机插伤秧伤根率；③做好机插大田整地质量，要求田平、泥软、肥匀，泥浆沉实后保持薄水机插；④重视机插前的起秧备栽工作，起秧时先慢慢拉断穿过盘底渗水孔的少量根系，再连盘带秧一并提起，平放，然后小心卷苗脱盘。秧苗运至田头时应随即卸下平放，使秧苗自然舒展；并做到随起随运随插，要尽量减少秧块搬动次数。搬运时堆放层数不宜超过3层，避免秧块变形或折断秧苗。要严防烈日伤苗，要采取遮阴措施防止秧苗失水枯萎，根据机插时间和进度，做到随运、随栽；⑤选择适宜机插时间，尽可能不要插大苗及超秧龄苗，尽量选择阴天机插；⑥插后加强肥水管理，做到薄水活棵，合理施用分蘖肥。

4. 提高水稻机插成穗率技术

生产实践及研究表明，机插秧与手插秧相比，手插秧呈二段分蘖高峰（秧田分蘖高峰和栽后分蘖高峰），而机插秧为一般分蘖高峰型，机插秧移栽后有效分蘖节位多于手插秧。因此，机插秧群体消长容易大起大落，且不易调控，成穗率低。提高机插秧成穗率的主要措施包括：①合理施肥，机插秧缓苗期较手插秧长，要根据机插秧生育特点，采用“前稳、中控、后促”的肥料运筹方法。分蘖肥要分两次施，确定分蘖肥施用适宜时期，以肥来调节和利用最适分蘖节位、控制中期群体。适当增加穗肥施用比例，以攻大穗；②合理搁田，达到够苗期及时开丰产沟搁田，搁田程度以人站在田面有明显脚印但不下陷、表土不开裂为度，然后复水，待水层自然落干后再轻搁。搁田时，每次断水应尽量使土壤不起裂缝，切忌一次重搁，造成有效分蘖死亡。

5. 防止水稻机插倒伏技术

机插秧前期易形成较大的光合势，确保高产所需的适宜穗数，并利于中后期生育协调；但若调控不当，前期生长过头、群体过大，将导致中期旺长、后期贪青迟熟，中后期光合势大而净同化率低下，甚至发生倒伏。为防止机插秧群体过大而倒伏，可以采取以下途径及措施：①选择适宜品种。选择抗倒伏性强的水稻品种机插；②合理种植密度，构建机插秧合理群体。单季杂交稻机插秧每公顷种植密度在15.0万～21.0万丛，常规稻或双季稻种植密度在21.0万～27.0万丛；③合理施肥，减氮增钾。根据品种类型和栽培季节合理施肥，一般籼稻每公顷纯氮用量180千克、粳稻210～240千克。并根据苗情和水稻长势合理增施穗肥；④及时开丰产沟，合理搁田，促进根系生长；⑤增施硅肥，增加水稻茎秆粗度，降低倒伏风险。

6. 促进机插水稻大穗方法

机插水稻实现了宽行浅插，植株温光条件优越，发根能力强，这为低节位分蘖创造了有利环境。在缓苗返青后，机插水稻的起始分蘖一般始见于5叶1心期，且具有爆发性，分蘖发生量猛增。再加之分蘖节位低、分蘖期长，群体数量直线上升，够苗期提早，高峰苗数容易偏多，从而出现成穗率下降、穗型易偏小的现象。促进机插水稻大穗措施：①根据品种类型和季节合理安排机插密度。机插秧行距一般为30厘米，那么可将单季杂交稻株距控制在16～21厘米，常规稻或双季稻株距在12～16厘米；②加强肥水管理。防止氮肥过量，合理控制群体大小，通过搁田提高成穗率，降低无效分蘖发生；根据苗情和水稻长势合理增施穗肥，促进大穗形成。

7. 缩短水稻机插缓苗期方法

机插秧由于秧苗素质差，机插伤秧严重，缓苗期相对长。缩短机插水稻缓苗期的方法有：①采用钵形毯状秧苗机插技术，实现钵苗机插，降低机插伤秧伤根，减少缓苗期；②培育壮秧，通过使用育秧基质、种子稀播、加强肥水管理、喷施多效唑等措施培育壮秧，提高机插秧苗素质，增强抗逆性；③做好机插大田整地质量，并在泥浆沉实后薄水机插，提高机插效果；④早稻机插前揭膜炼苗，提高秧苗抗逆性；⑤根据机插时间和机插进度，做到秧苗随运、随栽；⑥选择适宜机插时间，尽可能不要插大苗及超秧龄苗，尽量选择阴天机插；⑦插后采取相应的肥、水、药等管理调控措施，防止僵苗。

8. 防止水稻后期低温危害方法

水稻穗分化到抽穗扬花期如遇低温易引起水稻颖花不育，即通常所说的“翘稻头”现象。我国长江流域各省，低温冷害多发生在水稻抽穗扬花期。晚栽单季稻迟熟品种以及连作晚稻，在低温来得早的年份常常遭受低温危害。抽穗期遇低温，抽穗速度减慢，有的甚至不能抽穗，产生包颈现象，特别是杂交籼稻包颈严重；开花灌浆期遇低温，开花延迟，有时不能开花，出现闭花授粉现象，形成大量空壳；已经受精的，灌浆速度慢，籽粒发育不良，千粒重下降。防止机插水稻低温危害的方法：①合理安排种植制度，选用耐低温品种，根据气候特点，合理安排种植制度，选用适宜生育期的水稻品种及播种移栽期，避开水稻抽穗结实期的低温冷害。选用耐低温品种，减少低温对产量的影响；②科学施肥，在易发生冷害的稻区，增施磷钾肥，促进稻株健壮生长，增强水稻抗逆性；在冷害比较频繁的地区，要减少后期氮肥用量，防止抽穗推迟。水稻生长后期，用磷酸二氢钾喷施叶面；③采用浅水增温、深水保温措施，防御低温冷害的发生。在水稻开花灌浆期，可以采取以水调温措施，白天灌溉浅水，通过太阳晒增温。夜间灌深水保温，如遇 17 ℃以下低温时，水深需灌至 10～15 厘米，用田间温水护胎，减少幼穗受害程度，降低空秕率。低温过后，应尽早排水露田，提高地温，降低低温冷害影响；④其他，抽穗期遇到低温，且稻穗抽穗困难时，可喷施九二〇，加速抽穗进度，减少包颈现象。叶面喷施磷酸二氢钾等叶面肥，也可减轻低温危害。

9. 水稻机插高产群体调控目标

水稻及产高产群体调控主要是指产量、基本苗数、茎蘖数、穗数及干物质指标的调控。①产量指标，每公顷生产稻谷 9 000 千克左右；②壮秧指标，秧龄 15～20 天，叶龄 3～4 叶，苗高 12～18 厘米，单株发根数 12 条以上，盘根带土厚度 2.0～2.5 厘米。秧苗整齐，苗基部扁宽，叶片挺立有弹性，叶色翠绿；无病虫草害；秧苗发根力强，根系盘结牢固，提起不散，栽后活棵快分蘖早。播种与成苗均匀，要求每平方厘米成苗数 2.0～2.5 株；③基本苗数指标，行距 30 厘米，株距可以在 12～14 厘米调节，每公顷对应插约 22.5 万～27.0 万穴，大约 90 万～135 万基本苗；④群体动态指标，每公顷适宜基本苗数为 90 万～135万，栽后 20～22 天够穗苗，栽后 28～30 天达高峰苗，高峰苗控制在 525 万以内，成穗率 70%以上；⑤干物质积累，总生物产量每公顷为 19 500 千克以上，经济系数 0.50～0.55；⑥穗粒结构，常规稻每公顷有效穗数 330 万～360 万，每穗总粒 120 粒左右，结实率 90%左右，千粒重 25～28 克，每公顷产 9 000 千克以上。

10. 水稻机插高产的关键措施

机插秧技术通过规格化育秧，培育标准机插秧苗，选择适宜插秧机，适期移栽，宽行稀植，并根据特点配套农艺栽培措施，实现高产高效，其主要技术要点：

(1) 选择适宜机插品种，培育壮育：选择适宜当地机插秧种植的优质高产水稻品种，种子发芽率要求达 90%以上。机插秧秧本比为 1∶100，播种密度高，秧苗根系在厚度为 2.0～2.5 厘米的薄土层中交织生长，秧龄弹性小。种植面积大的，要根据插秧机种类、效率和机械数量，合理分批安排播种，确保秧苗适龄栽插。根据当地气候条件、前作生育期合理安排播期，采用机插秧盘育秧或双膜育秧，一般早稻在 3 月份播种，秧龄 25～30 天；连作晚稻根据早稻收获时间安排播种期，秧龄在 15～18 天；南方单季稻机插秧秧龄 15～20 天，北方单季稻秧龄在 30～40 天。播种量常规稻 100～120 克/盘，杂交稻70～90克/盘，连晚杂交稻适当增加播种量。做好种子消毒、浸种和催芽工作，精量播种，培育适合机插秧苗，秧苗应根系发达、苗高适宜 12～20 厘米。茎部粗壮、叶挺色绿、均匀整齐，叶龄 3～5 叶。

(2) 适期移栽、宽行稀植：机插田提前 3～5 天做好土地平整工作。机插秧采用中小苗移栽，对大田耕整质量要求较高，整块田落差尽量不超过 3 厘米。连作晚稻在早稻收割后及时整地，整地后待土壤沉实 1～2 天后机插，机插前大田保持浅 1 厘米左右水层。根据水稻品种与组合的生长特性，选择适宜种植密度，改善群体光照和通风条件，促进秧苗早发。一般南方稻区早稻和连作晚稻常规品种机插行距 30 厘米，株距 12～14 厘米，每公顷机插丛数 23.25 万～27.745 万丛，每丛 3～5 苗，每公顷用机插秧盘 375～450 个；晚稻杂交稻机插行距 30 厘米，株距 14～16 厘米，每公顷机插丛数 23.25 万～27.75 万丛，每丛 3～5 苗，每公顷用机插秧盘 300～

375个；南方单季杂交稻机插行距30厘米，株距16～20厘米，每公顷机插丛数16.5万～20.25万丛，每丛2～4苗，每公顷用机插秧盘23.25～27.75个；北方稻区单季常规稻机插行距30厘米，株距12～14厘米，每公顷机插丛数23.25万～27.75万丛，每丛3～5苗，每公顷用机插秧盘450个左右。机插漏秧率要求低于5%。机插后灌好扶苗水，防败苗促进秧苗早返青。

（3）定量施肥，干湿灌溉，定量控苗：按土壤肥力水平和目标产量施肥，根据水稻植株不同时期所需的营养元素量及土壤的营养元素供应量，计算所需的肥料类型和数量。杂交籼稻氮肥总量控制在每公顷180千克左右，按基肥、蘖肥和穗肥比例50%、30%、20%合理配施；粳稻亩施氮量可提高至210千克左右，按基肥、蘖肥和穗肥比例40%、20%、40%合理配施。磷肥每公顷施过磷酸钙375千克作基肥；钾肥每公顷施氯化钾150～225千克，按基肥和穗肥各50%施用。结合不同生长期植株的生长状况和气候状况进行施肥调节，与好气灌溉结合，定量控苗。

（4）病虫草综合防治：坚持以预防为主、综合防治。利用宽行稀植、控氮增钾、好气灌溉的基础农艺措施，根据当地植保部门的病虫测报，做好病虫害防治工作。重点防治二化螟、三化螟、稻蓟马、稻飞虱、稻瘟病和纹枯病等主要病虫害。

第10章

水稻机插秧病虫草防控

1. 机插秧田杂草防除

水稻机插秧秧田杂草防除主要包括种子处理和秧田杂草防除两个部分。①种子处理，种子用细孔筛过筛，剔除杂质和杂草种子。清水浸种漂去瘪粒、病粒、裂壳粒和杂质。比重水选种：用比重为1.1～1.3盐水（12千克工业食盐＋50千克水）、或1.08～1.13黄泥水选种（黄泥15千克＋50千克水）浸种50千克。浸后用清水冲洗稻种，捞除漂浮物，将洗净的稻种放入药液中浸种、消毒。②秧田除草，播种后至出苗期，土壤潮湿条件下用25%恶草灵50～60毫升/亩＋水50千克，喷施于土表；秧苗2叶期、土壤湿润时用32%秧田净26～28克/亩＋水30千克，均匀喷雾。

2. 机插前稻田封杀除草

大田栽前耕整是水稻高产栽培技术中一项重要内容，也是防除杂草的重要措施，一般包括耕翻、灭茬、晒垡、施肥、碎土、耙地、平整、清除田面漂浮物、化学封杀灭草等九个环节。水稻机插前5天每公顷用50%丁草胺1 500克撒药土，保持浅水层3天以上，栽后5～7天看杂草残留量决定是否再施用除草剂。

3. 机插秧苗期除草

水稻机插后5～7天每公顷用30%丁·苄1 500克拌化肥或潮

细土撒施，进行插后化除，对千金子和其他杂草都有很好防效。机插后 12～15 天，每公顷用 36%秧草净可湿性粉剂 600 克或用精稻草克 675 克对水 300～450 千克小机喷细雾或用弥雾机弥雾。要求用药前排干田间水，用药后 24 小时复水，进行常规水浆管理。机插后 30 天每公顷用 50%丙草胺乳油 750～900 毫升拌湿润细土撒施，阔叶杂草较多的田块，每公顷可加 10%苄嘧磺隆 300～450 克与丙草胺一起撒施。对千金子、稗草、鳢肠、水苋菜和异型莎草等一年生杂草防效高，对秧苗生长安全。

4. 育秧苗床消毒处理

对机插秧播种密度大，对旱育秧、湿润育秧的苗床要加强药剂消毒处理。苗床每公顷用 25%甲霜灵 1 500 克＋水 750～900 千克喷雾或用 15%恶苗灵 500 倍液于播种前喷施，每平方米秧板喷药液 3 千克；或每公顷用 95%敌克松 13.5 千克对水 1 500 千克于播种前浇泼秧板；或每平方米秧板用 30%土菌消 3～6 毫升对水 3～6 千克喷洒，或喷洒土菌消 1 000 倍液 3 千克。

5. 立枯病、绵腐病等防治

早春温度低，秧苗易感染立枯病、绵腐病。秧苗绵腐烂秧可用 10%丰利农 300～500 倍液泼浇秧苗或 50%敌克松 1 000 倍液，在秧苗 1.5～2.0 叶期喷雾防治。如持续低温，于低温来临时再施药 1 次。抢救严重病苗时，可将敌克松浓度提高到300～500 倍液使用，喷雾后有壮苗作用。立枯病在出苗后 1.5 叶期和 3.5 叶期，用 15%立枯灵 600 倍液或 3.2%育苗灵 300 倍液对水喷雾，发现病苗及时拔出并带出田外，可有效控制立枯病，兼治恶苗病。

6. 机插秧苗虫害防治

由于机插秧苗苗小体嫩，易遭受稻蓟马、螟虫、稻象甲等趋嫩性昆虫为害。栽前进行一次药剂防治工作，可有效地控制本田活棵返青期前后的虫害。用48%毒死蜱、25%速灭威、20%啶虫脒、25%噻嗪酮或10%吡虫啉在水稻2.5叶期后均匀喷施；在移栽前3～5天再喷一次“送嫁”药，可防治大田前期灰飞虱、稻蓟马、二化螟等害虫，兼治三化螟、稻象甲等发生。

除传播病毒病的白背飞虱和灰飞虱外，其他苗期主要害虫有一代二化螟、稻蓟马和褐稻虱。局部稻区害虫有稻秆潜蝇、稻瘿蚊、福寿螺、稻象甲等。其防治策略是在害虫低龄幼（若）虫期，或发生（迁入）初期用药剂防治。具体防治药剂见表6-1。

表6-1　常见虫害及常用防治药剂

虫害名称	防治药剂
螟虫（二化螟、三化螟、大螟）	每公顷用20%三唑磷1800毫升、20%强杀螟750～1 050毫升、25%螟蛾杀星750～1 200克、40%稻螟绝杀1 200克、90%杀虫单750克或18%杀虫双6 000克对水喷雾或拌毒土撒施，20%康宽10毫升对水600～750千克喷雾
稻纵卷叶螟	每公顷用25%杀虫双2 250～3 000毫升、50%杀螟松1 080毫升、10%稻腾450毫升、20%康宽150毫升、10%吡虫啉300～450克或25%毒死蜱750～900毫升对水600～750千克喷雾
稻飞虱（褐稻虱、白背飞虱、灰飞虱）	每公顷用大功臣（10%吡虫啉）300克、30%吡虫·异丙威（虱必杀）450～750克对水600～750千克喷雾
稻蓟马	2.5%保得2 000～2 500倍液、20%吡虫啉2 500～4 000倍液或1.8%爱比菌素2 000倍液喷洒，也可喷洒25%双硫磷或杀螟松500倍液
福寿螺	每公顷用50%螺敌975克、6%蜗克星7.5千克、5%梅塔6.0～7.5千克拌细沙75～150千克撒施、65%螺消（五氯酚钠）3.75千克、6%密达杀螺颗粒剂7.5～10.5千克、45%百螺敌超微剂750克，可拌细沙、细土或饼屑75～150千克撒施

7. 机插秧病毒病及线虫病防治

机插秧从苗期到大田，条纹叶枯病、黑条矮缩病、南方黑条矮缩病等水稻病毒性病害易发生。可以采用以下措施进行防控：①播种前晒种、过筛，清水预浸，盐水或泥水浸种，药剂消毒，以利于播种期避虫、治虫，断毒源；②适时播种将秧苗1.5～4.5叶易感病毒病期避开灰飞虱、白背飞虱高发期；③尼龙薄膜育秧防低温、倒春寒危害，或采用无纺布覆盖育秧，防虫取食危害；④秧苗4.5叶前不要揭开尼龙薄膜或无纺布，防止灰飞虱和白背飞虱等传毒媒介昆虫取食；⑤发现感病秧苗应立即拔除并踩入田土中或带出烧毁，以切断毒源。

防治水稻干尖线虫措施：采用温汤浸种，先将稻种用冷水预浸24小时，然后放在45～47℃温水中5分钟提温，再放入52～54℃温水中浸10分钟，取出后立即冷却，防效可达90%以上。浸种后种子再进行用清水冲洗5次再进行催芽。

8. 恶苗病防治

对于恶苗病一般采用种子消毒处理即可达到预期防治效果，可用25%咪鲜胺（使百克）乳油1 500～2 000倍液、或25%劲护（氰烯菌酯）2 500倍液浸种或10%浸种灵5 000倍液浸种6～8千克种子，浸种120小时，捞出后催芽、播种。水稻恶苗病主要由种子带菌，常年重防病田块土壤也含一定量的病菌孢子，在盆栽育秧时，最好选用旱地土、菜园土，或未种水稻土，或上季稻恶苗病发生轻的田土。

9. 纹枯病防治

采用宽窄行栽培、合理种植密度。深水返青、前期浅水勤灌、后期田块挖“井”字形排水沟干湿交替灌溉，严格控制氮肥用量、慎施

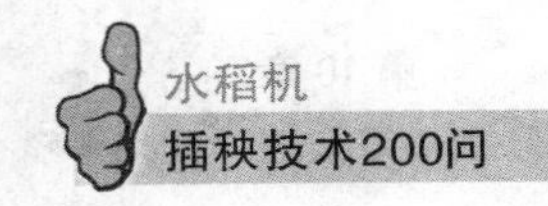

穗（氮）肥；后期（分蘖盛期—乳熟期）用药量加倍防治1～2次。常用药剂及方法：每公顷用5%井冈霉素3 000～4 500毫升、或300克/升苯醚甲环唑·丙环唑（爱苗）375～450克、或25%粉锈宁1 500克、或30%己唑醇375～450克对水750～900千克粗雾喷雾于稻株中下部。

10. 真菌性（稻瘟病）病害防治

采用“一浸二送三预防”防控技术。①药剂浸种，施“送嫁”药，播种前和插秧前处理水稻种子和秧苗。用70%抗菌素“402”液剂、40%异稻瘟净乳剂、40%克瘟散、45%扑霉灵或25%咪鲜胺浸种。发现秧苗出现稻瘟病病斑，即用较高浓度的稻瘟净、稻瘟灵、异稻瘟净等喷雾防治。移栽前2～3天用20%三环唑药液喷雾秧苗（送嫁药）。②苗瘟和叶瘟防治，主要抓发病初期用药。本田从分蘖期开始，如发现发病中心或叶片上有急性病斑，即应打药防治。常用药剂有20%或40%三环唑可湿性粉剂、40%稻瘟灵（富士1号）乳油、40%灭病威胶悬剂、20%三环异稻可湿性粉剂。

11. 穗颈瘟防治

防治穗颈瘟需要与前期苗瘟、叶瘟防治相结合，以减轻前期病害和减少菌源。孕穗（破口）期和齐穗期是防治穗颈瘟的适期。常用药剂及方法：20%三环唑、40%稻瘟灵、21.2%加收热必、40%克瘟散等对水45～50千克，宜用细雾均匀喷于稻株上部。

12. 穗腐病、稻曲病防治

稻曲病和穗腐病均为种子带菌的真菌性病害，大田期主要在灌浆—乳熟期显症，一旦显症则较难防治或防治效果较差。防治方法：①种子药剂处理：15%粉锈宁（三唑酮）300～400克拌种，或用2 000倍70%抗菌素“402”液、50%多菌灵500倍液、40%

多·福粉 500 倍液浸种 36～48 小时；②根据品种（组合）、气候和上年两种病害发生情况，在水稻孕穗后期（始穗前 5～10 天）、破口（始穗）期一齐穗喷 1～2 次药预防，每公顷可选用 5％井冈霉素 3 750～4 500 毫升、或 25％粉锈宁 1 125～1 500 克＋30％爱苗 225 毫升、或 25％粉锈宁 1 350 克＋30％己唑醇 300 克，对水 750～900千克均匀喷雾于稻株上部。

13. 细菌性（白叶枯病和细条病）病害防治

对于白叶枯病和细条病等由细菌侵染引起的病害，可采取以下措施进行防治：①种子消毒。主要采用 40％强氯精浸种、或2 000 倍液 70％抗菌素“402”浸种、或用 20％龙克菌（噻菌铜）浸种；②秧田和本田喷雾防治。见到发病株或发病中心即用加量药液喷雾防治，药剂可选 20％叶青双可湿性粉剂、90％克菌壮可溶性粉剂或 25％叶枯灵可湿性粉剂。

14. 水稻螟虫防治

① 降低虫源基数：前茬采用低茬收割、清除稻草，在越冬代螟虫化蛹高峰期翻耕灌水或直接灌水淹没稻桩杀蛹，早春气温回升蛹化蛾时灌水杀蛹（蛾），减少越冬虫源或一代虫源基数；②适时用药防治。在卵孵高峰至 1 龄幼虫高峰期，选用稻腾（氟虫双酰胺·阿维菌素）、康宽（氯虫苯甲酰胺）、杀虫双、敌百虫、氟虫双酰胺、氯虫·噻虫嗪；阿维·氟酰胺、三唑磷，1.8％农家乐乳剂（阿维菌素 1 号）、杀螟松、90％晶体敌百虫等药剂对水 45～50 千克均匀喷雾稻株中下部。

15. 稻卷叶螟防治

① 安装频振式杀虫灯、性诱剂诱捕诱杀成虫，可有效减少下

代虫源，提倡采用稻田养鸭、养鱼等物理、生态防控技术，安全、绿色、环保。②严格防控秧苗期和生长后期（孕穗—乳熟期）的稻纵卷叶螟，防治指标为2～3龄幼虫高峰百丛20条；适当放宽中间（分蘖）期的防治，防治指标为2～3龄幼虫高峰期百丛有效虫量40条。③稻纵卷叶螟卵孵盛期至二龄幼虫前（初卷叶期）或卵孵化高峰后2天打药。可供选择的药剂有：稻腾、康宽、氟虫双酰胺、氯虫·噻虫嗪、31%氟腈·唑磷微乳剂、毒死蜱、稻丰散、苏云金杆菌（Bt）8 000IU/毫克，25%EC毒死蜱·三唑磷、杀虫单或杀虫双、丙溴磷。对2龄幼虫的防治可选择氯虫苯甲酰胺、阿维菌素、甲维盐、丙溴磷等，均对足45～50千克水，细雾均匀喷于稻株中上部。

16. 稻飞虱、叶蝉防治

① 根据“压前控后”的防治策略，选用针对性药剂进行防治。防控稻飞虱等主害代的前一代，可选用阿克泰、烯啶虫胺、吡蚜酮、毒死蜱、扑虱灵＋毒死蜱（乐斯本）、阿维菌素·毒死蜱、敌敌畏、噻嗪酮·异丙威等速效快、持效期长的药剂。②防治主害代高龄若虫和成虫时，采用速效性和持效期长的药剂混用或复配，如吡蚜酮或噻嗪酮＋异丙威，或仲丁威或毒死蜱等组合。水稻前期病虫害防治中避免使用菊酯类及其他对天敌影响大的农药，保护田间自然天敌。③喷到位是提高防效的关键。3龄若虫前施药，要用足水量。常规粳稻施药液750～900千克/公顷；杂交稻、超级杂交稻和籼粳杂交稻等株型高大、冠层密闭的品种（组合），还应适当增加用药量，加大用水量，每公顷施药液1 200～1 500千克。无水田块可采用敌敌畏拌干细黄土制成毒土撒施、熏蒸作为应急措施。

第11章 水稻机插秧常见问题

1. 九寸和七寸秧盘育秧播种量如何调整？

我国水稻插秧机按类型分有九寸机和七寸机等，九寸机的行距为30厘米，育秧用的秧盘为九寸盘，规格为58厘米×28厘米×2.8厘米，目前一般播种量常规稻为100～120克/盘、杂交稻80～100克/盘。如果采用七寸机机插，育秧需要的秧盘为七寸盘，规格为58厘米×21.5厘米×2.8厘米，播种量根据秧盘面积可调整为常规稻78～93克/盘、杂交稻62～78克/盘。

2. 如何根据种子大小（粒重）调整机插秧播种量？

水稻每盘播种量与粒数存在正相关的关系。在一个水稻品种种子千粒重确定的情况下，播种量越大则每盘种子粒数越多。一般常规稻播种量为100～120克/盘、杂交稻播种量80～100克/盘，如果水稻千粒重25克，则常规稻每盘粒数为4 000～4 800粒、杂交稻每盘粒数为3 200～4 000粒。机插秧育秧主要是保证每盘播种粒数及适宜的秧苗数，因此播种量需要根据种子大小适当调整，种子大，如千粒重达30克，则常规稻播种量应为120～144克/盘、杂交稻应为96～120克/盘。

3. 如何根据种子发芽率调整播种量？

水稻机插秧每盘秧苗数与种子发芽率和成苗率密切相关，具体可用以下公式表达：苗数=播种量/千粒重×1 000×成苗率。在播种量确定的前提下，发芽率高，则成苗率也高，那么每盘的苗数越多。一般机插杂交稻种子发芽率要求在85%以上，常规稻种子发芽率在90%以上，为保证育秧成功，育秧前应该做发芽试验，如果种子发芽率差，需要加大播种量以保证适宜的出苗数。具体计算公式为：实际播种量=正常播种量×理论发芽率/实际发芽率。假设某杂交稻品种准备播种量为80克，但种子发芽率只有70%，则实际播种量=80×85%/70%≈98克；如某常规稻品种准备播种量为100克，种子发芽率只有70%，则实际播种量=100×90%/70%≈129克。

4. 种子浸种的适宜水温是多少度?

水稻浸种过程就是种子的吸水过程，种子吸水后，种子酶的活性开始上升，在酶活性作用下胚乳淀粉逐步溶解成糖，释放出供胚根、胚芽和胚轴所需要的养分。当稻种吸水达到谷重的24%时，胚就开始萌动，称这为破胸或露白。当种子吸水量达到谷重的40%时，种子才能正常发芽，这时的吸水量为种子饱和吸水量。达到这一吸水量的时间，受浸种水温影响，在一定温度范围内，温度越高，种子吸水越快，达到饱和吸水量时间越短。不同类型水稻品种种子的吸水与萌发存在较大差异，在18～24 ℃条件下，杂交稻浸种时间一般在6～12小时，常规籼稻一般在24～36小时，粳稻一般在48小时，就可达到较好的发芽效果，浸种时间过长，会使稻种胚乳中的营养物质外渗，种子发黏（俗称“饴糖”），严重的死亡，轻的出芽不壮。浸种温度在12 ℃以下，水稻种子不能正常萌发，浸种时间一长，病菌侵入，就会发臭、烂种。

5. 机插育秧播种的芽谷长度应是多少?

育秧催芽标准为根长达稻种的1/3、芽长为稻种的1/5～

1/4，或 90%的种子“破胸露白”。“湿长芽、干长根”，控制根芽长度主要是通过调节种子水分来实现，同时要及时调节谷堆温度，使催芽阶段的温度保持在 25～30 ℃，以保证根、芽协调生长，根芽粗壮。摊晾炼芽：催芽后还应摊晾炼芽。一般在谷芽催好后，置室内摊晾 4～6 小时，当种子水分适宜不黏手即可播种。机械播种种子只需破胸露白即可，以免播种伤芽，为抑制芽长，催好芽的种子可在大棚或室内常温条件下晾芽，提高芽种的抗寒性，散去芽种表面多余水分，保证播种均匀一致。晾芽时不能在阳光直射条件下进行，温度不能过高，严防种芽过长，不能晾芽过度，严防芽干。手工播种的芽长可适当增加，但尽量不超过 5 毫米。

6. 水稻机插播期应考虑哪些因素?

确定水稻机插秧适宜的播种日期主要需考虑品种特性、前作收获时期、育秧和机插期间温度、机插秧苗类型，及机插工作效率等因素，具体播种期首先应与当地种植制度相适应，然后根据当地的温光条件、机插稻品种特性、茬口、移栽期和适宜机插秧龄等因素来确定。北方寒地水稻目前机插秧采用大棚或薄膜育秧，播种期可适当提前，一般在当地气温通过 5～6 ℃时开始播种。南方早稻目前多采用薄膜育秧，应着重注意“倒春寒”对秧苗的危害，一般在日平均气温稳定通过 12 ℃，才能开始播种，但也要注意幼穗分化和抽穗扬花期的高温危害，播期不宜过迟。连作晚稻主要考虑安全齐穗对气温的要求，品种选择受前作制约，后期又易受气候影响，季节紧、生育期和有效分蘖期短，因此要求所选品种熟期中熟偏早、耐迟播迟栽、分蘖快、感光性强，苗期耐高温、后期耐寒性强，能安全灌浆成熟的品种。另外，机插秧播种期还要依照各地实际情况（如插秧机拥有量、栽插面积、机手熟练程度、工作效率等），确定适宜移栽期，安排好栽插进度，分期分批浸种，严防秧龄超期移栽。

7. 为什么要慎重确定机插水稻的适宜播期？

适宜的播种日期是保证水稻高产稳产的重要条件。尤其是在北方单季稻、南方双季稻等水稻生长季节紧张的稻区，北方寒地水稻和南方早稻过早播种容易导致水稻育秧期间和机插后遭遇低温等恶劣气候条件影响，过迟播种则不能正常成熟或成熟推迟影响后作种植；南方连作晚稻机插过早播种易造成秧苗超龄，影响机插效果，过迟播种则成熟推迟影响开花结实和产量下降。单季稻虽然生长季节相对宽裕，但也需要根据当地水稻生长期间的气候特点，合理选择播种期，减少病虫危害，同时充分利用光温条件，获得水稻高产。

8. 水稻机插旱地土育秧为什么要调酸？

土壤碱性或酸性过重，都不利于水稻秧苗生长。试验证明：当pH在6以上时，土壤中速效磷、水溶性钾减少，铁、钙大量沉淀，锰、硼吸收率降低，微生物活动也会受到抑制。特别是作为幼苗生长所需要的养分之一的铁，将失去活性，难以被根系吸收，导致秧苗因缺铁而叶色转黄，抗病力减弱。当pH在5.0～5.5时，根系对铁的吸收顺利，培育出来的秧苗苗色翠绿、苗高适中、根系发达、百株干重高、胚乳消耗率低、耐寒力强。水稻机插秧育秧床土调酸是防止立枯病发生的主要措施。目前比较理想的调酸剂是硫黄粉。

9. 水稻机插育秧床土如何调酸？

床土调酸消毒是机插育秧防止立枯病发生的主要措施，目前主要用硫黄粉或硫酸调酸。南方旱地土多在育秧前采集，主要用硫黄粉调酸，一般每100千克育秧床土用硫黄粉200～400克；北方机插育秧床土一般用硫酸调酸，先将30千克水加9千克98%的硫酸配成25%左右的酸化水，同时加入硫酸铵2千克、磷酸二铵1.8千克、硫酸钾1.8千克，分层浇撒在已过筛好的500千克床土上，闷24小时，充分混拌6～8次，做成酸化土小样，再与所余的2 000千克过筛土拌匀，堆好盖严备用（上述2 500千克床土为每公顷苗床所需的床土量），务使床土酸度调到pH为4.5～5.5，注意调匀，此过程要在摆盘装土前2天完成。或直接摆盘浇水后，将以上各种肥料溶解在水中均匀浇于100米^{2}苗床。床土调制后，要堆好盖严，防止遭雨淋或水分挥发。

10. 机插育秧为什么会出现矮个苗？

机插秧矮个苗主要原因是为培育壮苗，浸种或秧苗生长期间生长调节剂过量造成的。生长调节剂，如多效唑、稀效唑或矮壮素等是一种植物生长延缓物质，通过减缓秧苗生长速度、抑制节间伸长控制水稻秧苗生长，为机插提供苗高适宜且健壮的秧苗。但过量施用会抑制秧苗正常生长，影响机插效果，并导致水稻产量下降。研究表明，多效唑等生长调节剂对秧苗的控高效果随施用浓度的增加而增强，不同品种类型的水稻秧苗对多效唑的敏感程度不同，常规粳稻、常规籼稻、杂交稻对多效唑的敏感性依次减弱。防止出现矮个苗的关键是合理施用多效唑等生长调节剂。

11. 机插秧常见出苗不整齐的原因及如何防治？

机插育秧过程常出现种子出苗不整齐，形成大小苗的现象。主要原因可能是种子播种前未进行选种，导致催芽不一致；另外，播种覆土时，盖土不匀，土厚的地方易造成焖种，导致局部出苗慢，生长滞后；覆膜期间遇雨水后未能及时清除膜面积水，影响秧苗生长；秧板不平，致使板面土壤水分不均匀，局部秧苗处于水分胁迫状态，生长缓慢。育秧种子催芽浸种前一定要选种，去空瘪粒，确保种子均匀饱满，发芽势强，催芽“快、齐、匀、壮”，使同一盘秧苗生长相对整齐；在育秧时应力求秧板面平直；播种后盖土均匀，以看不见芽谷为宜；覆膜期间要根据天气情况调节膜内温度，并在雨后及时清除膜面积水。

12. 机插秧苗生长不齐是什么原因造成的？

秧床内秧苗长势不一，生长高度参差不齐的主要原因之一是育秧用床土拌肥或拌壮秧剂不均匀；还有就是秧板高低不平，秧苗肥水管理不平衡。肥料和壮秧剂在床土中未拌匀，将造成多的地方烧苗，拌不到的地方苗发黄，致使秧苗质量参差不齐；秧床不平或一边高一边低或两边高中间低，将使秧床保水能力不一，造成水分足的地方秧苗生长快，少水的地方秧苗生长慢。

出现这种现象，要及时揭膜灌水，把水灌至略高于秧盘约1厘米，保持1～2小时后将水放出，保持沟中有水，重新把膜盖好，早晚各1次，连续2～3天后，矮苗与高苗的差距明显缩小，黄苗开始转青，缺苗的地方也开始冒出尖尖芽头；之后每晚灌水1次，水面至秧盘上，逐渐转入正常管理。可采用下列操作方法：将拌有壮秧剂的肥土均匀地洒在秧盘的底部，然后铺上床土，淹水后播种盖土。这样处理，一方面能从根本上保证壮秧剂均匀，另一方面将壮秧剂放在床土底部与稻种隔开，并保持一定的距离，在刚发芽时，稻谷自身的营养足够幼苗吸收利用，壮秧剂基本不会影响幼芽的生长，秧苗生长较一致；等到幼苗发育到一定程度，稻种自身养分逐渐耗尽，这时秧苗的根系已经深入到床土的中下部，能从床土中吸收壮秧剂的养分满足秧苗生长，但此时壮秧剂对秧苗长势的影响也比较小了。另外，选择秧床时需选择平整的大田或蔬菜地作秧床，忌选择有坡度的河塘边作秧床。

13. 机插育秧怎样防止出现肥害死苗现象？

机插育秧发生肥害死苗的主要原因是育秧底土用肥量太高，特

别是过量施用尿素、碳酸氢铵或未腐熟的厩肥等；另外，壮秧剂用量过大，没有充分与土壤拌匀，及在盖土中加用肥料和壮秧剂等也可造成肥害烧苗。为防止肥害现象发生，首先育秧肥料尽量选用复合肥，且和壮秧剂的施用量要适宜，一般每100千克粉碎晒干过筛后土加复合肥125～250克、壮秧剂250克左右，加后均匀搅拌。同时，禁用未腐熟的厩肥、尿素、碳铵等直接作底肥，盖土亦不能施肥料及添加壮秧剂。

14. 水稻机插育秧如何防止戴帽苗？

机插秧育秧过程中，常有不少秧田出现“戴帽子”秧苗（盖土被秧苗顶起），有些生长较慢的秧苗芽尖粘在被顶起的土块上而被拔起，至使白根悬于半空中；未被拔起的秧苗由于没有了盖土，秧根也裸露在外。这问题主要出现在旱地土育秧上。出现这种现象主要是盖土板结、过干过细、厚度不均匀、床水过多等原因所致。旱地土育秧要选择适宜的盖土，覆盖均匀且厚度适宜。对已出现“戴帽子”情况秧苗，可以用细树枝在床土上轻轻拍打，使顶起的土块被震碎后掉落下去，然后揭开盖膜，适当增撒一些细土，将秧根全部盖住，再轻喷些水，使秧苗根部保持湿润，同时将沾于秧叶上的泥土冲洗下去，最后盖膜复原。

15. 机插秧青（黄）枯死苗的原因及如何预防？

水稻机插育秧较常规手栽稻育秧密度高，秧苗素质相对柔弱，在秧苗期，特别是2～3叶期，秧苗正处于离乳期前后，如遇低温，易造成青（黄）枯死苗。青枯死苗主要是指秧苗受低温影响，或暴晴后未及时灌水，造成秧苗失水而枯死的现象，属急性生理病害，通常成片发生。病苗从幼嫩的心叶部分开始萎缩呈筒状，然后整株萎蔫死亡，死后叶色暗绿，但秧苗茎部尚未腐烂，手拉秧苗，根部与秧苗地上部不会轻易脱离，根呈水烫状；黄枯死苗是秧苗在低温

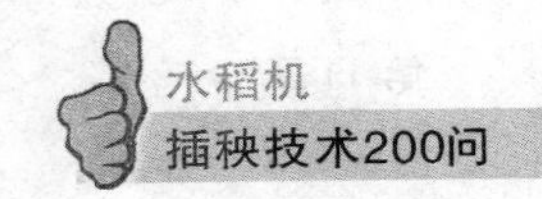

下缓慢受害后所发生的死亡现象，属慢性生理病害，通常一簇一簇发生。发病时从叶尖到叶茎，由外到内，从老叶到嫩叶，逐渐变黄褐色枯死，秧苗基部常因病菌寄生而腐烂，手拉秧苗，根部易与秧苗地上部脱离。

主要预防措施：育秧期间遇低温寒潮时，要灌水保温，若湿冷天气持续时间长，需要在秧田水温、土温和气温差距逐渐缩小时采取勤灌勤排或日灌夜排的方法，以提高水温和氧气供给量，防止死苗；冷后暴晴要及时灌深水护苗，缓和温差，后逐渐排水，切忌在天晴时立即排干水，以防秧苗体内水分收支失去平衡，造成生理失水，发生青枯死苗。

16. 机插育秧期主要虫害有哪些？如何防治？

机插秧育秧期间的主要虫害有稻蓟马、灰飞虱、螟虫等。虫害会影响机插秧苗生长，甚至会严重影响机插产量，稻蓟马可用50%杀螟硫磷乳油、40%乐果乳油、48%乐斯本（毒死蜱）乳油、5%锐劲特（氟虫腈）悬浮剂等按量对水喷雾；螟虫可用杀螟松乳油、乐果乳油等按量对水喷雾；灰飞虱防治可用吡虫啉等按量对水喷雾。要坚持机插前喷药防治，做到带药机插。

17. 立枯病发生的原因是什么？怎样防治？

立枯病是机插秧育秧时需要重点防治的病害，受立枯病危害的幼苗茎基部先变黄至黄褐色，严重时腐烂软化，全株青枯或变黄至褐色枯死，病苗茎基部会长出粉红色或灰褐色霉状物。机插秧采用专用秧盘进行育苗，在育苗过程中，一旦受到水稻立枯病为害，常造成机插秧苗数量不足，漏插现象严重，须进行人工补栽，有的甚至要补种重插。水稻立枯病属土传病害，是由多种病原真菌侵染而引起的。其致病镰孢菌一般以菌丝和原垣孢子在多种寄主的病残体及土壤中越冬，环境条件适宜时产生分生孢子借气流传播，侵染为害；致病丝核菌则以菌丝和菌核在寄主病残体中和土壤中越冬，靠菌丝的蔓延在幼苗间传播，进行侵染为害。低温、阴雨、光照不足是诱发立枯病的重要条件，其中以低温影响最大。气温过低，对病原菌发育和侵染影响小，但对幼苗生长不利，导致幼苗根系发育不良，营养吸收能力下降，更有助于病害发展。如天气持续低温或阴雨后暴晴，土壤水分不足，幼苗生理失调，病害发生将加重。另外，苗床土壤黏重、偏碱，苗床整理粗放，以及播种过早、过密、覆土过厚均加重立枯病的发生。

立枯病防治：首先做好床土配制及调酸工作，菜园土和旱田耕作层土壤多属中性或微碱性土壤，需施用壮秧剂进行土壤调酸处理，把 pH 调至 6.0 以下；其次对土壤进行消毒，可用 70%敌克松 600～800 倍液于播种前喷湿苗床底土、播后喷湿盖种土，底土和盖种土各喷 1 次，不能重复，以免造成药害；做好药剂浸种工作，经过药剂浸种后的种子需用清水冲洗干净再进行催芽播种；或者在秧苗 1 叶 1 心至 2 叶 1 心期，用 70%敌克松 600 倍液进行叶面喷雾 1～2 次。

18. 恶苗病发生原因是什么？怎样防治？

恶苗病是机插秧育秧时需要重点防治的病害，我国各稻区均有发生。苗期发病病株比健壮苗细高，叶片叶鞘细长，叶色淡黄，根系发育不良，部分病苗在移栽前死亡。带菌种子和病稻草是水稻恶苗病病发生的初侵染源。浸种时带菌种子上的分生孢子污染无病种子而传染。严重的引起苗枯，死苗上产生分生孢子，传播到健苗，引起再侵染。带菌秧苗定植后，菌丝体遇适宜条件可扩展到整株，刺激茎叶徒长。水稻恶苗病在土温 30～35 ℃时易发病，伤口有利于病菌侵染，旱育秧比水育秧发病重，增施氮肥会刺激病害发展，施用未腐熟有机肥发病重，一般籼稻较粳稻发病重。

恶苗病防治：首先选栽抗病品种，避免种植易感病品种，做好种子消毒处理，建议用氰烯菌酯、咪鲜胺等药剂按量浸种。另外，加强栽培管理，催芽不宜过长，机插要尽可能避免损根。做到“五不插”：即不插隔夜秧，不插老龄秧，不插深泥秧，不插烈日秧，不插冷水浸的秧。

19. 如何防止机插育秧不能成毯？

机插秧苗要求均匀整齐，苗挺叶绿，根系盘结，秧苗成毯，秧块提起不散。一般播种量低于 40 克/盘时，将导致秧盘内秧苗数量过少，单位面积内根系生长量小，根系盘结差，秧苗成毯困难；还将导致秧苗机插漏秧率高。

机插秧播种需确保适宜播种量，一般杂交稻播种量在 50 克/盘以上，常规稻播种量在 80 克/盘以上，播种时还要做到均匀播种。

20. 机插秧苗起秧困难的原因及对策？

育秧时如果秧盘底孔太多或孔径太大，根系生长较快，常扎根入秧板的土层，会出现起秧盘困难，或拿起秧盘盘底带起过多泥土，而给机插带来不便。

根据不同育秧方式选择合适的秧盘，旱地土育秧的秧盘底孔数量和孔径可相对大一些。另外，做好育秧期间的水分管理工作，根据机插日期，一般在插秧前 3 天，灌水至秧板后再排干，以保持床土湿润。此时应做好秧苗的断根工作，具体做法是在插秧前 1～2 天，先用手工预起秧盘，后重新放回原位，这样根系会因缺水往盘内收缩，在隔天正式起秧时就不会出现盘底带泥的现象。

21. 泥浆育秧如何防止机插卡秧？

本田泥浆育秧常在机插大田附近选择稻田育秧，直接从秧田取泥浆育秧，节省了床土采集、运输、晒土、筛土、消毒等环节，而且机插时可直接取秧，操作简单，易被稻农接受，但由于稻田泥浆不易过筛，没有经过营养土破碎、过筛等工序，育秧床土中容易出现石块等杂物，机插时常出现卡苗现象，严重时会打断插秧机秧针，影响机插作业。

预防方法是选择的秧田的除了要排灌方便、土壤肥沃、避风向阳、运秧方便、便于操作和管理外，还要尽可能地保证土壤中石子等杂物较少。同时采用筛子过滤或人工方法去除泥浆中的杂物，如用竹筛或铁网筛（筛孔应小于1厘米×1厘米）压入秧沟，让泥浆溢上筛面，把去除过石子等杂质的泥浆用塑料勺装盘，沉实后播种。

22. 如何保证机插秧秧块大小符合机插要求？

规格化秧苗是保持机插质量的前提。秧块不符合机插标准规格的主要原因是软盘育秧造成秧块变形，或双膜育秧切块不标准。用软盘育秧时，如果秧盘铺放不紧密，所育秧苗的根系将变成倒梯形状，床土下表面窄、上表面宽，其宽度超过28厘米，导致秧苗卡在秧箱中下不去而出现断行的情况，插秧时无法正常栽插。因此，在铺软盘时，要注意将相邻的秧盘相互靠紧，防止铺入床土后发生胀盘，使育出的秧块超出规定宽度；铺放软盘时用拇指与食指并排在相邻两秧盘边框的下边缘从头至尾捏一遍，这样就能保证秧盘的底部完全紧靠在一起，上口边框互相支撑，不会发生变形；秧盘外侧边要用泥土将秧盘边框靠实，不让其向外胀出。这样育出的秧块才能方方正正，机插时送秧顺畅，断行情况少发生。双膜育秧时为确保秧块尺寸符合机插标准，应事先制作切块方格模框，再用长柄刀进行重点切割。

23. 泥浆育秧如何防止泥浆出现开裂和缩小？

泥浆育秧在长期缺水时泥浆容易开裂和缩小，容易造成机插漏秧。泥浆开裂和缩小的主要原因是育秧时水分管理不到位。如果泥浆开裂，应该及时灌水，并使秧板上水，以保证开裂和缩小的泥浆能回复原状，保证机插质量。从育秧基质土壤的通透性及对秧苗生长的影响看，适当添加一定比例的稻草秆能明显改善育秧基质的物理状态，在育秧时有利于秧苗的根系生长，根冠比提高，同时也可改善泥浆开裂问题。

24. 机插秧苗不能及时插秧怎么办?

南方水稻的机插秧秧苗适宜秧龄一般为 15～20 天、叶龄3～4 叶，适宜苗高 12～20 厘米，秧苗太小机插质量受到影响，太高则机插时伤秧严重，影响秧苗返青。在生产过程中常常由于育秧时间与移栽时间测算不准，人为造成超秧龄秧苗；或因天气持续干旱造成水荒，不能及时移栽；或一次连片育秧面积过大，插秧机来不及栽插等原因造成超高和超龄秧苗，影响机插质量，增加伤秧率。

育秧时应正确估算机插日期，准确推断育秧时期及每期育秧面积，确保及时插秧。如因前作没及时收获、机插期遇恶劣天气等原因无法插秧，可通过秧苗控水炼苗等措施防止秧苗过快生长；另外，通过喷施多效唑调控秧苗高度，培育壮苗，延长秧苗秧龄弹性。一般为防止秧苗旺长，控制秧苗高度以适应机插，秧苗 1 叶 1 心期前每公顷秧田可用 15％多效唑粉剂 1 125～1 500 克对水喷雾。

25. 机插时如何防止秧块堆秧?

机插时出现秧块堆秧的主要原因是泥浆育秧机插前秧块水分含量过多，秧块过软，导致秧块放入插秧机后秧苗不能保持自然展开、下坠，从而影响机插效果。其防止方法是：首先，机插前 3 天左右控水炼苗，以增强秧苗抗逆能力。晴天半沟水，阴雨天排干水，使盘土含水量符合机插要求，起秧栽插前若遇雨天要盖膜遮雨，防止盘土含水过高，有利于起秧机插。起秧时，先慢慢拉断穿过盘底渗水孔的少量根系，连盘带秧一并提起，再平放，然后小心卷苗脱盘。秧苗运至田头时应随即卸下平放，使秧苗自然舒展，并做到随起随运随插。其次，选择适宜天气机插，不要在下雨天机插。

26. 秧苗徒长是怎么造成的，如何解决？

一般机插秧苗要求叶龄 2.5～4.0 叶、苗高 12～20 厘米。造成秧苗徒长主要原因是秧苗生长过程中温度过高、肥料用量过大、水分管理不到位和播种量大等，从而造成那些在相应秧龄条件下，秧苗生长过快，茎鞘纤细，叶片偏长下垂，抗病及抗逆境能力弱，机插后返青慢。

为防止机插秧苗徒长，一是要求育秧播种量适宜，一般常规稻播种量为 90～120 克/盘，杂交稻为 70～90 克/盘；二是育秧期间温度不能过高，早稻出苗后平均温度控制在 18～23 ℃，最高温度尽量不超过 35 ℃；三是还要合理控制施肥量，复合肥施用量不高于 20 克/盘；四是注意育秧期间水分管理，不要水淹秧苗；另外，由于单季稻和连作晚稻育秧期间温度高，秧苗生长快，还需要合理施用生长调节剂如多效唑等控制秧苗生长，一般秧苗 1 叶 1 心期前每公顷秧田用 15％多效唑粉剂 1 125～1 500 克对水喷雾。

27. 机插起秧需要注意什么？

机插秧苗起苗移栽的关键是轻运、轻放，随运，随栽，减少搬动次数，避免秧块变形，达到四角垂直方正，不缺边缺角。机插秧的起运移栽应根据不同的育秧方法采取相应措施，秧盘育秧可随盘平放运往田头，亦可先起盘后卷秧，叠放于运秧车，堆放层数以 2～3层为宜，切勿过多而加大底部压力，造成秧块变形和折断秧苗，运至田头应立即卸下平放，使秧苗自然舒展，利于机插。双膜秧在起秧前，先要将整块秧板的秧苗切成适合机插（宽度为 27.5～28厘米，长 58 厘米左右）的标准秧块后再卷秧，并小心叠放于运秧车。

28. 如何防止机插后僵苗？

僵苗是机插水稻分蘖期出现的一种不正常的生长状态，主要表现为分蘖生长缓慢、稻丛簇立、叶片僵缩、生长停滞、根系生长受阻。导致僵苗原因比较复杂，有肥僵型、水僵型和药僵型三种。前两种主要是由于用肥过多或秧苗长期处于淹水状态造成的，而药僵苗是在除草过程中，因除草剂用量过多、用药时机不当或喷洒除草剂后没能及时上水护苗造成的。

机插僵苗补救应根据具体情况，采取相应的肥、水、药等管理调控措施，分别对待。如肥僵苗是先灌水洗肥，后排水露田，促进新根生长，水僵苗是直接排水露田透气，提高根系活力，药僵苗是换水排毒 2～3 次后，追施速效氮肥。在采取相应的水、肥调控的同时，僵苗田每亩用“惠满丰”150 毫升对水 30 千克喷雾，可促使秧苗快速转化。

29. 机插秧与手插秧相比有哪些特点？

机插秧技术采用机械装备代替人工栽插秧苗，与手插秧相比，具有以下特点：①对秧苗质量和大田耕整质量的标准化要求高。插秧机要求使用以营养土为载体标准化秧苗，秧块标准长×宽为 58 厘米×28 厘米，秧块厚度 2.0～2.5 厘米，只有符合标准的秧块整体放入插秧机秧箱，机插才不会卡滞或脱空造成漏插；其次机插秧对大田整地要求高，要求田面平整，全田高度差不大于 3 厘米，同时大田耕整后需视土质情况沉实，若整地沉实达不到要求，机插时泥浆沉积将造成秧苗入泥过深，影响分蘖，甚至减产。②机插育秧播种量大，秧苗素质差。为保证秧苗成毯，秧块能整体提起，土壤不散裂，能整体装入插秧机的秧箱，机插秧必须保证较大播种量，一般常规稻为 100～120 克/盘、杂交稻为 80～100 克/盘，因此秧苗素质较差。③机插采用中小苗，秧龄短。机插秧基本采用中小苗机插，秧苗叶龄在 2.5～4.0 叶、苗高在 12～18 厘米。秧苗过大，插秧机伤秧严重，而过小则影响机插效果。④机插秧穗数多，穗型小。机插秧苗弱小，不仅移栽后苗期抗逆力弱，而且整个大田期穴内竞争加剧，抑制了群体生产力，因而难以充分发挥水稻品种的增产潜力。机插秧的增产潜力主要在于种植的基本苗多，有效穗数多，但每穗粒数少，如果机插秧穗数不足，则产量将受影响。

30. 机插秧与手插秧田间管理有何不同？

与手插秧相比，机插秧主要采用中小苗移栽，适宜秧龄2.5～4.0 叶，此时根系发育数量相对较少，加之播种密度高，根系盘结紧，机插时根系拉伤重，插后秧苗的抗逆性较常规手插秧弱。为此，与常规手插秧相比，机插秧的返青缓苗期相对较长，活棵返青期迟 2～3 天，在栽插后 7～10 天内生长量小。生产上，机插水稻的本田有效分蘖期相应延长了 1～2 个叶位分蘖，因而分蘖节位增多。

在本田生产中应根据机插水稻的生长发育规律，采取相应的肥水管理技术措施，促进早发稳长，走“小群体、壮个体、高积累”的高产栽培路线。肥水运筹要实现“前稳、中控、后促”的原则，创造利于秧苗早返青、早分蘖的环境条件。同时还要控制高峰苗数，形成合理群体，提高光能利用率，确保大穗足穗，为夺取机插水稻高产稳产打基础。

31. 机插秧大田耕作整田注意什么？

目前我国机插秧主要是采用中小苗移栽，秧苗高度在 12～20 厘米，因此对大田的整地要求相对比手插秧高。一般要求全田高低落差不超过 3 厘米，秸秆还田更要做到田面无秸草杂物，表土上细下粗、上烂下实。大田整地质量要做到田平、泥软、肥匀。为防止壅泥，耕地整平后需进行泥浆沉实，泥浆沉淀要求达到泥水分清，沉淀不板结，水清不浑浊，泥浆沉淀达不到要求极易造成栽插过深（泥浆沉淀掩埋、插秧机浮舟壅泥塌陷填埋）或漂秧，倒秧率增加。待泥浆沉淀达到要求后保持薄水机插。

32. 怎样降低机插漏秧率？

由于受到育秧质量、机械和整田质量等因素的影响，机插秧会或多或少存在一定漏秧。研究表明，漏秧率与水稻产量存在相关性，但品种间差异较大，一般漏秧率对杂交稻产量影响较大，但5%漏秧率对杂交稻的产量影响较小，种植密度小（即种植间距大）的机插秧漏秧对产量影响大。因此，机插要强调农机与农艺密切结合，严防漂秧、伤秧、重插、漏插，把漏秧率控制在5%以内。为减少机插漏秧，可通过增加播种量、均匀播种，及通过调节机插取秧量等方法减少漏秧。另外，要留部分秧苗，在机插后及时进行人工补缺，以减少漏秧率和提高插秧均匀度，确保基本苗数。

33. 籼稻和粳稻生产上施肥有何差异？

在施肥总量上，籼稻一般亩施纯氮总量12～14千克，粳稻为16～18千克，N∶P∶K比例1∶0.5∶0.9左右。在施肥方式上，籼稻前期施肥（包括基肥和分蘖肥）应重，后期施肥（穗粒肥）宜轻，减少倒伏风险；粳稻抗倒伏能力强，增加后期肥料比例有利于高产稳产。籼稻前期与后期施肥比例为8∶2或7∶3，粳稻前期与后期施肥比例为6∶4或5.5∶4.5。在穗肥的施用上，籼稻以保花肥为主，粳稻以促花肥为主。籼稻在抽穗后还要重视根外追肥，避免早衰。

34. 怎样判断水稻分蘖的有效性？

水稻有效分蘖是指在成熟期能抽穗并能结实10粒以上的分蘖。在成熟期不能抽穗或能抽穗而结实粒数少于10粒的分蘖，叫无效分蘖。有效分蘖决定最终的单位面积有效穗数，是构成产量的主要因素。在生产上应争取更多的有效分蘖，减少无效分蘖。分蘖能否成穗与分蘖自身叶片数的多少、群体大小及植株营养状况等条件有关。当分蘖长出第三叶时自身开始发根，可以不依赖母茎独立生活。在分蘖后期只有 1～2 片叶的分蘖没有独立根系，成为无效分蘖；具 3 叶的分蘖有少量根系，有可能成穗；具 4 叶及以上的大分蘖一般都能成穗，成为有效分蘖。

35. 水稻哪个时期缺水对水稻产量影响大？

孕穗至抽穗期缺水对水稻产量影响最大。这一时期植株光合作用强，新陈代谢旺盛，是水稻一生中需水较多时期，此时缺水将会降低植株光合能力，影响幼穗枝梗和颖花的发育，增加颖花的退化和不孕概率，稻株根系活力下降。孕穗初期受旱抑制枝梗、颖花原基分化，每穗粒数少；孕穗中期缺水使内外颖和雌雄蕊发育不良。减数分裂期缺水造成颖花大量退化，粒数减少，结实率下降。抽穗期缺水造成抽穗开花困难，不仅抽穗不齐，包颈白穗多，降低结实率，甚至直接造成抽不出穗，严重影响水稻产量。

36. 土壤肥力对水稻产量有哪些作用？

水稻所需氮、磷、钾元素的大部分和全部微量元素均由土壤供给，其中水稻吸收的氮中有 60%～70%来源于土壤。土壤养分供应是缓慢而持续的，与水稻养分需求规律基本一致，有利于水稻健壮生长，同时土壤中有各种生物共存，既有固氮增肥生物，也有病虫天敌，利于水稻健康高产。

37. 为什么田埂边行水稻长得好？

田埂边行水稻长得好的主要原因主要是水稻生长边际效应。首先，田埂边行水稻生长的空间大，利于水稻植株通风透光，病虫害发生少；其次，田埂边行的土壤肥力充足，有利于满足水稻植株生长所需营养；另外，池埂边行水稻易处于干湿交替状态，有利于水稻根系的生长。

38. 水稻施用氮肥过多有哪些副作用？

氮肥对提高水稻单位面积产量具有重要作用。适当施氮可提高籽粒形成期叶片的含氮量和光合能力，延缓功能叶片的衰老，增加籽粒灌浆物质供应，增加粒重，从而提高水稻产量。但氮肥施用量过多也会导致水稻植株贪青迟熟，结实率下降，从而影响产量；还会导致水稻生长过旺，群体过大，易发生倒伏和病虫害，特别是纹枯病等病害发生严重。

39. 机插高产水稻的叶色变化有何规律？

移栽返青期叶色显“黄”。有效分蘖期叶色显“黑”有利于促进分蘖早生快发，到有效分蘖末期叶色最“黑”，无效分蘖期叶色显“淡”，有利于控制无效分蘖生长、改善株型和促进根系的生长。拔节前后叶色显“淡”，有利于营养生长朝生殖生长转变，有效地控制基部节间的伸长，促进茎秆粗壮，防止倒伏，提高结实率。孕穗期叶色变“深”，利于形成大穗，促进颖花发育，提高颖花数。早稻由于拔节孕穗期较短，叶色变“淡”不明显。破口期叶色变“淡”，可增加茎、叶的物质积累量，为提高结实率创造了条件，而且还可以减少穗颈瘟的发生。齐穗以后叶色转“深”，维持较长时间。到结实后期自然转“黄”，有利于提高结实率和粒重。

40. 如何防止机插水稻贪青晚熟？

由于机插每丛苗数不均匀，落田苗数多，群体调控较手插秧困难，群体消长容易大起大落，易造成前期生长过头、群体过大，导致中期旺长，后期贪青晚熟。防止机插水稻贪青晚熟的措施：首先，确定适宜种植密度，在行距固定为30厘米情况下，单季杂交稻株距控制在16～21厘米、常规稻或双季稻株距控制在12～16厘米；其次，合理施肥，控制氮肥用量，防止前期生长过头、群体过大，导致中期旺长；另外就是要及时开丰产沟，够苗后合理搁田，控制无效分蘖；同时，后期看苗施肥，对生长过旺的稻田，减少穗肥氮肥施用。

41. 水稻产量的主要限制因素是什么？

通过水稻生产中影响产量的17项栽培技术因子进行调查，结果表明，影响水稻产量的因素依次为虫害、氮肥施用不当、钾肥偏少、播种期过迟、穗数不足、插秧质量差、早发性不足、穗型小、秧苗质量差、品种需更新、病害、草害、倒伏、籽粒结实率低等。双季稻或常规单季稻机插生产中，影响产量的主要制约因素是有效穗数不足，因此需要保持机插密度在21.0万～27.0万/公顷，加强生育期肥水管理，使每公顷有效穗数要达到240万～300万穗，在一定穗数基础上，提高穗粒数和结实率。对单季杂交稻产量构成因子分析表明，穗数与产量的关系不密切，而穗粒数与产量的关系密切，进一步提高单季杂交稻产量的关键是提高每穗粒数和结实率。

42. 水稻机插秧高产应注意哪些关键环节？

水稻机插秧要获得高产，应重点关注以下几个环节：①选择高产品种，根据机插秧特点，选择抗性强，耐倒伏，株型较好的高产水稻品种。②培育壮秧，通过降低播种量和均匀播种，加强肥水管理，使用育秧基质，喷施多效唑等措施培育壮秧，提高机插秧苗素质，增强抗逆性，促进秧苗早发。③合理种植密度，构建机插秧高产群体。单季杂交稻机插秧适宜种植密度为每公顷15.0万～21.0

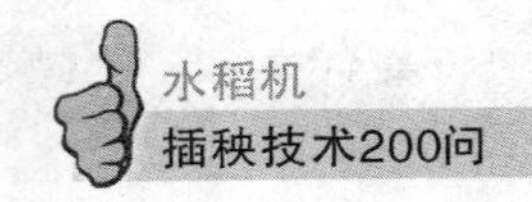

万丛，常规稻或双季稻为 21.0 万～27.0 万丛。④提高机插效果，降低伤秧漏秧率。可采用水稻钵形毯状秧苗机插技术，培育上毯下钵机插秧苗，选择适龄秧苗机插，按钵精确定量取秧，实现钵苗机插，降低机插伤秧伤根，插后做好漏秧补秧工作。⑤合理施肥，机插秧缓苗期较手插秧时间长，要根据机插稻生育特点，采用“前稳、中控、后促”的肥料运筹方法，分蘖肥要分两次施，确定分蘖肥施用适期，适当增加穗肥施用比例，增施穗肥攻大穗。⑥及时开丰产沟，够苗后合理搁田，控制无效分蘖，提高成穗率，促进根系生长。⑦做好病虫害防治。

参 考 文 献

白人朴 . 2011. 关于水稻生产机械化技术路线选择的几个问题 [J]. 中国农机化 (1)：15 - 18，22.

包春江，李宝筏 . 2004. 日本水稻插秧机的研究进展 [J]. 农业机械学报，35 (1)：162 - 166.

陈惠哲，朱德峰，徐一成，等 . 2009. 水稻钵形毯状秧苗机插技术及应用效果 [J]. 中国稻米，15 (3)：5 - 7.

初江，任文斌 . 2001. 中日水稻生产全程机械化合作项目效益分析 [J]. 农业机械学报 (2)：111 - 113，120.

付景，杨建昌 . 2010. 中国水稻栽培理论与技术发展的回顾与展望 [J] . 作物杂志 (5)：1 - 4.

李耀明，徐立章，向忠平，等 . 2005. 日本水稻种植机械化技术的最新研究进展 [J]. 农业工程学报，21 (11)：182 - 185.

陆为农 . 2006. 水稻生产机械化发展现状及展望 [J]. 农机科技推广 (2)：13 - 15.

罗汉亚，李吉，袁钊和，等 . 2009. 杂交稻机插秧育秧播种密度与取秧面积耦合关系 [J]. 农业工程学报，25 (7)：98 - 102.

罗锡文，臧英，周志艳 . 2008. 南方水稻种植和收获机械化的发展策略 [J]. 农业机械学报，39 (1)：60 - 63.

刘晓娜，朱德峰，陈惠哲 . 2011. 多效唑对我国水稻主导品种机插秧苗控高效应的研究 [J] . 中国稻米，17 (5)：14 - 17.

景启坚，薛艳凤，钱照才 . 2003. 不同播量对机插秧苗素质的影响 [J]. 江苏农机化 (2)：13 - 14.

沈建辉，邵文娟，张祖建，等 . 2006. 苗床落谷密度、施肥量和秧龄对机插稻苗质及大田产量的影响 [J]. 作物学报，32 (3)：402 - 409.

于林惠，丁艳锋，薛艳凤，等 . 2006. 水稻机插秧田间育秧秧苗素质影响因素研究 [J]. 农业工程学报，22 (3)：73 - 78.

张洪程，戴其根，霍中洋，等.2008. 中国抛秧稻作技术体系及其特征［J］. 中国农业科学，41（1）：43－52.

张文毅，袁钊和，吴崇友，等.2011. 水稻种植机械化进程分析研究［J］. 中国农机化（1）：19－22.

朱德峰.2010. 水稻机插育秧技术［M］. 北京：中国农业出版社.

朱德峰，程式华，张玉屏，等.2010. 全球水稻生产现状与制约因素分析［J］. 中国农业科学，43（3）：474－479.

朱德峰，陈惠哲，徐一成.2007. 我国水稻机械种植的发展前景与对策［J］. 农业技术与装备（1）：14－15.

Ferrero A，Vidotto F，Gennari M. and Negre M. 2001. Behaviour of cinosulfuron in paddy surface water and ground water［J］. J. Environ. Qual.，30：131－140.

Sasaki R. 2004. Characteristics and seedling establishment of rice Nursling seedlings［J］. JARQ，38（1）：7－13.

Sasaki R. 2000. Rooting of the nursling seedlings of rice exposed to low temperature and wind after transplanting［J］. Jpn. J. Crop Sci.，69：140－145.

Sato T，Maruyama S. 2002. Seedling emergence and establishment under drained conditions in rice direct－sown into puddled and leveled soil［J］. Plant Prod. Sci.，5：71－76.

Tsuchiya M，Sato T，Maruyama S. 2004. Growth enhancement by drainage during seedling establishment in rice direct－sown into puddled and leveled soil［J］. Plant Prod. Sci.，7：324－328.

附　表

附表1　机插秧盘播种量与种子粒数关系

千粒重（克）	播种量（克/盘）										
	60	80	100	120	140	160	180	200	220	240	260
20	3 000	4 000	5 000	6 000	7 000	8 000	9 000	10 000	11 000	12 000	13 000
21	2 857	3 810	4 762	5 714	6 667	7 619	8 571	9 524	10 476	11 429	12 381
22	2 727	3 636	4 545	5 455	6 364	7 273	8 182	9 091	10 000	10 909	11 818
23	2 609	3 478	4 348	5 217	6 087	6 957	7 826	8 696	9 565	10 435	11 304
24	2 500	3 333	4 167	5 000	5 833	6 667	7 500	8 333	9 167	10 000	10 833
25	2 400	3 200	4 000	4 800	5 600	6 400	7 200	8 000	8 800	9 600	10 400
26	2 308	3 077	3 846	4 615	5 385	6 154	6 923	7 692	8 462	9 231	10 000
27	2 222	2 963	3 704	4 444	5 185	5 926	6 667	7 407	8 148	8 889	9 630
28	2 143	2 857	3 571	4 286	5 000	5 714	6 429	7 143	7 857	8 571	9 286
29	2 069	2 759	3 448	4 138	4 828	5 517	6 207	6 897	7 586	8 276	8 966
30	2 000	2 667	3 333	4 000	4 667	5 333	6 000	6 667	7 333	8 000	8 667
31	1 935	2 581	3 226	3 871	4 516	5 161	5 806	6 452	7 097	7 742	8 387
32	1 875	2 500	3 125	3 750	4 375	5 000	5 625	6 250	6 875	7 500	8 125
33	1 818	2 424	3 030	3 636	4 242	4 848	5 455	6 061	6 667	7 273	7 879
34	1 765	2 353	2 941	3 529	4 118	4 706	5 294	5 882	6 471	7 059	7 647
35	1 714	2 286	2 857	3 429	4 000	4 571	5 143	5 714	6 286	6 857	7 429

附表2　种子千粒重、成秧率与每盘成苗数

千粒重（克）	成秧率（%）						
	60	65	70	75	80	85	90
20	3 000	3 250	3 500	3 750	4 000	4 250	4 500
21	2 857	3 095	3 333	3 571	3 810	4 048	4 286
22	2 727	2 955	3 182	3 409	3 636	3 864	4 091
23	2 609	2 826	3 043	3 261	3 478	3 696	3 913

（续）

千粒重（克）	成秧率（%）						
	60	65	70	75	80	85	90
24	2 500	2 708	2 917	3 125	3 333	3 542	3 750
25	2 400	2 600	2 800	3 000	3 200	3 400	3 600
26	2 308	2 500	2 692	2 885	3 077	3 269	3 462
27	2 222	2 407	2 593	2 778	2 963	3 148	3 333
28	2 143	2 321	2 500	2 679	2 857	3 036	3 214
29	2 069	2 241	2 414	2 586	2 759	2 931	3 103
30	2 000	2 167	2 333	2 500	2 667	2 833	3 000
31	1 935	2 097	2 258	2 419	2 581	2 742	2 903
32	1 875	2 031	2 188	2 344	2 500	2 656	2 813
33	1 818	1 970	2 121	2 273	2 424	2 576	2 727
34	1 765	1 912	2 059	2 206	2 353	2 500	2 647
35	1 714	1 857	2 000	2 143	2 286	2 429	2 571

注：播种量每盘100克种子。

附表3　机插秧每盘取样次数与每丛苗数

取秧次数（次/盘）	秧盘秧苗数							
	2 000	2 400	2 800	3 200	3 600	4 000	4 400	4 800
600	3.3	4.0	4.7	5.3	6.0	6.7	7.3	8.0
650	3.1	3.7	4.3	4.9	5.5	6.2	6.8	7.4
700	2.9	3.4	4.0	4.6	5.1	5.7	6.3	6.9
750	2.7	3.2	3.7	4.3	4.8	5.3	5.9	6.4
800	2.5	3.0	3.5	4.0	4.5	5.0	5.5	6.0
850	2.4	2.8	3.3	3.8	4.2	4.7	5.2	5.6
900	2.2	2.7	3.1	3.6	4.0	4.4	4.9	5.3
950	2.1	2.5	2.9	3.4	3.8	4.2	4.6	5.1
1 000	2.0	2.4	2.8	3.2	3.6	4.0	4.4	4.8
1 050	1.9	2.3	2.7	3.0	3.4	3.8	4.2	4.6
1 100	1.8	2.2	2.5	2.9	3.3	3.6	4.0	4.4

附表 4　机插秧取秧次数（次/盘）

纵向取秧（毫米）	纵向取秧（次）	横向取秧（次）				
		16	18	20	24	26
8	73	1 160	1 305	1 450	1 740	1 885
9	64	1 031	1 160	1 289	1 547	1 676
10	58	928	1 044	1 160	1 392	1 508
11	53	844	949	1 055	1 265	1 371
12	48	773	870	967	1 160	1 257
13	45	714	803	892	1 071	1 160
14	41	663	746	829	994	1 077
15	39	619	696	773	928	1 005
16	36	580	653	725	870	943
17	34	546	614	682	819	887

附表 5　机插秧机插规格密度、每盘取秧次数及每公顷所需秧盘数

机插规格（厘米）		机插密度（万丛/公顷）	取秧次数（次/盘）								
行距	株距		550	650	750	850	950	1 050	1 150	1 250	1 350
30	12	27.79	505	428	371	327	293	265	242	222	206
30	13	25.65	466	395	342	302	270	244	223	205	190
30	14	23.82	433	366	318	280	251	227	207	191	176
30	15	22.23	404	342	296	262	234	212	193	178	165
30	16	20.84	379	321	278	245	219	199	181	167	154
30	17	19.62	357	302	262	231	207	187	171	157	145
30	18	18.53	337	285	247	218	195	176	161	148	137

（续）

机插规格（厘米）		机插密度（万丛/公顷）	取秧次数（次/盘）								
行距	株距		550	650	750	850	950	1 050	1 150	1 250	1 350
30	19	17.55	319	270	234	207	185	167	153	140	130
30	20	16.68	303	257	222	196	176	159	145	133	124
30	21	15.88	289	244	212	187	167	151	138	127	118
30	22	15.16	276	233	202	178	160	144	132	121	112
30	23	14.50	264	223	193	171	153	138	126	116	107
30	24	13.90	253	214	185	163	146	132	121	111	103
30	25	13.34	243	205	178	157	140	127	116	107	99

图书在版编目（CIP）数据

水稻机插秧技术200问 / 朱德峰，陈惠哲，徐一成主编 .—北京：中国农业出版社，2013.9
（最受欢迎的种植业精品图书）
ISBN 978-7-109-18387-2

Ⅰ.①水…　Ⅱ.①朱…②陈…③徐…　Ⅲ.①水稻插秧机-问题解答　Ⅳ.①S223.91-44

中国版本图书馆CIP数据核字（2013）第228435号

中国农业出版社出版
（北京市朝阳区农展馆北路2号）
（邮政编码 100125）
责任编辑　张　利

中国农业出版社印刷厂印刷　　新华书店北京发行所发行
2014年1月第1版　　2014年1月北京第1次印刷

开本：880mm×1230mm　1/32　　印张：3.875　　插页：4
字数：95千字
定价：12.00元